Autos, die noch Typen waren

Tobias Zoporowski

VW SCIROCCO

ALLE MODELLREIHEN

Impressum

HEEL Verlag GmbH
Gut Pottscheidt
53639 Königswinter
Telefon 0 22 23 / 92 30-0
Telefax 0 22 23 / 92 30 26
Mail: info@heel-verlag.de
Internet: www.heel-verlag.de

Verantwortlich für den Inhalt: Tobias Zoporowski

Lektorat: Jost Neßhöver

Satz und Gestaltung: Bettina Hanisch, Bonn

Printed in Czech Republic

ISBN: 978-3-95843-627-5

Autos, die noch *Typen* waren

Tobias Zoporowski

VW SCIROCCO

ALLE MODELLREIHEN

HEEL

Inhalt

Der Scirocco –
Ein Wüstenwind in Bestform

Vorwort

Es gibt wohl kaum ein Auto, das mich schon so lange und so intensiv begleitet wie der VW Scirocco. Ich war noch nicht in der Schule, besaß aber bereits eine stattliche Prospekte-Sammlung rund um den heißen Keil aus Osnabrück, die ich – sehr zu meinem heutigen Verdruss – zerschnitt und auseinandernahm, um mit den schönsten doppelseitigen Aufnahmen die Wände meines Kinderzimmers zu tapezieren.

Mit dem fing alles an: Dieser für den tendenziell krawalligen Stil der Achtziger sehr geschmackvoll modifizierte Facelift-Einser infizierte mich mit der Liebe zum Keil aus Osnabrück. Er gehörte meinem Cousin.

Heute hätte ich diese Prospekte – unter anderem für dieses Buch – gut gebrauchen können. Sei´s drum, sie dienten mir ja als Traumvorlage für all die Sciroccos, die ich nie hatte. Einen viperngrünen TS zum Beispiel – diese Farbe, die Volkswagen später für den eher glücklosen Scirocco III wieder auflegte – fand ich immer schon herrlich.

Überhaupt war das von Giorgio Giugiaro mit leichtem und elegantem Strich gezeichnete Coupé, zumindest für mich, schon damals viel begehrenswerter als seine ewigen Rivalen Opel Manta und Ford Capri. Der „Rocco" wirkte ernsthafter, fast asketisch, was mir sehr gefiel und was auch nach dem 1978er-Facelift blieb, ja eigentlich noch verstärkt wurde. Die etwas voluminöseren Stoßfänger vorn und hinten, die schwarz folierte B-Säule und die nun um die vorderen Kotflügelkanten herumgezogenen Blinkleuchten ließen ihn maskuliner auftreten.

Ein solches Exemplar war es denn auch, das mich mit dem Scirocco-Virus infizierte. Mein Cousin fuhr ein solches Facelift-Modell im kleidsamen Farbton Inarisilber-Metallic, einem hellen Grün, den er mit behutsamem optischen Tuning – unter anderem zeitgenössischen ATS-Cup-Felgen – noch sportlicher wirken ließ. Ich liebte dieses Auto!

Meine Leidenschaft entbrannte vollends für den Nachfolger, einen marsroten GT II, der ebenfalls über die Jahre geschmackvoll modifiziert wurde und den ich kurz nach dem Erwerb meines Führerscheins hätte kaufen können. Nach einigen schlaflosen Nächten war klar: Allein die Versicherungseinstufung hätte mich als Fahranfänger finanziell komplett überfordert. Also ließ ich Vernunft walten und begnügte mich mit einem Kleinwagen aus Kölner Produktion …

Dass dem Scirocco die hohen Absatzzahlen seiner schärfsten Konkurrenten Capri und Manta verwehrt blieben, mag daran liegen, dass er zu spät kam. Opel und Ford platzierten ihre sportlichen Ableger 1970 oder gar schon 1968, als viersitzige und alltagstaugliche Coupés zu bodenständigen Preisen ein großer Trend waren. Dem lief Volkswagen zeitlebens hinterher. Besonders

spürte man das an den unbefriedigenden Verkaufszahlen der zweiten Generation, die ihr vom Konzernvorstand vorgegebenes Absatzziel von mindestens einer halben Million Fahrzeugen nie erreichte.

Die Ölpreis-Steigerungen von 1973 und die daraufhin rapide schrumpfenden Absatzzahlen beeinflussten auch die Markteinführung des neuen Scirocco, der sich nichtsdestotrotz hoffnungsvoll entwickelte. Die gegenüber seinen Wettbewerbern geringeren Verkäufe sollten auch nicht darüber hinwegtäuschen, dass der Scirocco ein richtig gutes Auto war!

Wie nicht anders zu erwarten, war das Wolfsburger/Osnabrücker Coupé mit ingenieurigem Ernst entwickelt worden, was man bis ins Detail spürte. Seinen Wettbewerbern Capri und Manta war der Scirocco in Sachen Qualitätsstandard, Technik und Fahreigenschaften ohnehin stets überlegen gewesen, was zeitgenössische Automobiljournalisten auch immer wieder betonten.

Vor allem lobten sie sein spurstabiles und ausgewogenes Fahrwerk, womit der Scirocco unabhängig von seiner Motorisierung zackig ums Eck ging und dabei narrensicher blieb. Dank Frontantriebs war er braver Untersteuerer, der sich eigentlich nur mit grobem Vorsatz zum Abflug von der Straße überreden ließ.

Allerdings war er, was den Nutzwert von Innen- und Kofferraum anbetraf, immer der Kleinste des sportlich angehauchten Dreigestirns. Demgegenüber stand sein selbstbewusster Preis, den viele Kunden als zu hoch empfanden. So blieb der Scirocco weniger erfolgreich, als es seinen Vätern lieb war – und als er es eigentlich verdient hatte.

Dennoch bleibt er im kollektiven Gedächtnis aller ambitionierten Autofahrer, die in den 70er und 80er Jahren sportlich unterwegs sein wollten. Für viele, wie für den Autor dieser Zeilen, war der VW Scirocco sogar ein Traumwagen, den man gern hatte. Oder gehabt hätte. Wenn nicht gleich, dann eben später.

So habe ich mir meinen Kindheitstraum vom VW Scirocco nach langer Suche erst im Jahre 2010 erfüllt. Mit Mitte Dreißig. Und habe ein unrestauriertes Exemplar aus liebendem Erstbesitz ergattern können, das mir seitdem bei jeder Tour und auf jedem Oldtimertreffen ein Lächeln aufs Gesicht zaubert.

So möchte ich diese Zeilen auch nutzen, seinem Vorbesitzer, Herrn Manfred Wolf aus Heiligenhaus in Nordrhein-Westfalen, zu danken, sollte er sie noch lesen können. Der Herr müsste nun weit über Neunzig sein, ihm verdanke ich den ausstellungsreifen Zustand meines 1986er Sondermodells „Tropic". Das Auto wurde nie im Regen gefahren, im Winter schon gar nicht. Seinen frischen Fang transportierte der passionierte Angler zwar hin und wieder auf der Rückbank, die war aber selbstverständlich zuvor sorgfältig abgedeckt worden.

Seit fast acht Jahren genieße ich den Sportler nun. Ich fahre nicht viel mit ihm, behandle ihn schonend. Nie im Regen. Und schon gar nicht im Winter. Aber: Der Wagen passt mir wie ein perfekter Turnschuh. Und er fährt auch so. Ein Wüstenwind in Bestform!

Mein besonderer Dank gilt zudem den Lesern der Zeitschrift OLDTIMER MARKT, die zahlreiche Bilder zu diesem Buch beisteuerten, aber auch dem Vorsitzenden der Scirocco Original IG, Thomas Peter, der insbesondere mit zeitgenössischem Prospektmaterial aufwarten konnte. Dem Bonner Automobilantiquar Arno Wagner, der über ein hervorragendes Netzwerk verfügt und mich daran teilhaben ließ, möchte ich ebenfalls danken.

Ich habe lange gesucht und wurde 2010 endlich fündig: Dieser „Tropic" in unrestauriertem Originalzustand und aus Erstbesitz zaubert mir jedes Mal ein Lächeln ins Gesicht.

GRAND
PALAIS

Entwicklung –
Volkswagen erfindet sich neu

Vom Karmann Ghia zum Scirocco

Die heile Welt der Fünfziger: Da war Volkswagens Heckmotorflotte noch up to date – der schöne Karmann Ghia Typ 14 eroberte die (meist weibliche) Kundschaft im Sturm.

Anfang der 70er Jahre war es bei Volkswagen klar, dass die Ära der Einmodellpolitik mit dem Käfer als Hauptumsatzträger – die weiteren Typen basierten ja auf dem Konzept – zu Ende war. Die Ansprüche nicht nur der heimischen, sondern auch der weltweiten Kundschaft waren gewachsen, das Heckmotor-Layout mit Luftkühlung galt mehr und mehr als veraltet, untermotorisiert und zu kompromissbehaftet.

Zudem bot der heimische Markt längst Alternativen, die kaum teurer, aber deutlich moderner, wirtschaftlicher und praktischer waren. So zog Opel Anfang der 70er locker an VW vorbei, und Kadett und Co. bescherten der Marke mit dem Blitz traumhafte Verkaufszahlen, gegen die die Niedersachsen nicht (mehr) ankamen.

Die deutlichen Absatzeinbrüche trafen nicht nur den Stammvater Käfer, sondern auch seinen hübschen Sohn, den bei der Wilhelm Karmann GmbH in vOsnabrück montierten Ghia Typ 14, der mit seiner mondän-rundlichen Formensprache seine beste Zeit in den späten 50er und 60er Jahren hatte. In den 70ern mit ihrer völlig neuen Mode war auch der schöne Edelkäfer kein Erfolgsgarant mehr.

Zumal ihm auf einem seiner Hauptabsatzmärkte Ungemach drohte: In den USA, die ab Ende der 60er mehr als drei Viertel der Jahresproduktion aufnahmen, kündigten verschärfte Abgasgesetze das Aus für den betagten Boxermotor an. Konnte man 1969 noch 25.684 (Gesamtproduktion: 34.358) Exemplare über den großen Teich schicken, waren es im letzten Produktionsjahr 1974 nur noch 7705.

In der gesamten Bauzeit seit 1955 hatte Volkswagen vom Karmann Ghia Typ 14 mehr als 360.000 Stück abgesetzt. Für ein Nischenmodell war das ein durchaus respektables Ergebnis, weshalb sich die Entwicklung eines Nachfolgers geradezu aufdrängte.

Die fiel jedoch in eine Zeit des allgemeinen Umbruchs bei Volkswagen. Es schien anfangs keineswegs ausgemacht, in welche Richtung sich die Modellpolitik entwickeln würde. Klar war, dass man das Baukastenprinzip, mit dem sich aus einem Grundmodell diverse andere ableiten ließen, grundsätzlich beibehalten wollte.

Schließlich war nicht zuletzt die enge technische Verwandtschaft zwischen dem Typ 1 (Käfer) und dem Typ 14 der Grund dafür gewesen, dass

Klare Botschaft von *hobby*: Dass es irgendwo auf dem Globus ein rassiges Coupé mit VW-Logo gab, ahnten die wenigsten.

sich mit dem schicken Coupé auch Geld verdienen ließ. Die Diskussion um einen Nachfolger des Karmann Ghia drehte sich also vorrangig um die Frage: Was kommt nach dem Käfer? Um diese existenzielle Suche zum Ziel zu führen, beauftragte VW-Chef Kurt Lotz 1968 gleich drei Entwicklerteams damit, parallel an einem neuen Fahrzeugkonzept zu arbeiten. Und begab sich damit auf einen Irrweg, der Millionen kosten sollte.

Obwohl sich die Heckmotor-Ära unaufhaltsam dem Ende zuneigte, schlug Karmann mit dem TC Fastback Coupé einen möglichen Nachfolger für den Ghia vor. Es blieb bei diesem Prototypen.

Der Entwicklungsauftrag (EA) 235 etwa war eine Kompaktlimousine, die einen bereits wassergekühlten Vierzylinder-Reihenmotor vorn trug. Das Getriebe sollte allerdings nach dem Transaxle-Prinzip mit einem Differential an der Hinterachse verbaut werden, der Motor sollte längs unter der Haube sitzen. Die Kosten für ein Transaxle-Fahrzeug in dieser Klasse wären viel zu hoch gewesen, weshalb dieser Entwurf, der von der VW-Tochter Auto Union beigesteuert worden war, schnell „abgeschossen" wurde.

Die Konzerntochter Porsche entwickelte mit dem EA 266 einen Prototypen mit Mittelmotor in Unterfluranordnung. EA 267, eine Kompaktlimousine mit großer Heckklappe ähnlich der des späteren Golf, trug noch einen Boxermotor aus dem Käfer, der allerdings bereits vorn eingebaut war. Lotz´ großer Fehler bestand nun darin, dass er keine Entscheidung traf, sondern EA 266 und EA 267 zwei Jahre lang weiter entwickeln ließ, wobei das absehbar viel zu aufwändige Mittelmotorkonzept des Porsche-Entwurfs enorme

Rudolf Leiding leitete das Ende der Heckmotorpolitik vehement ein und machte sich damit nicht nur Freunde.

Die Doppelscheinwerfer kennzeichneten bei frühen Scirocco die Top-Motorisierung.

Er kam, sah und siegte: Auch der erste Golf stammte aus der Feder des Italieners Giorgio Giugiaro, erschien aber erst nach dem Scirocco.

Summen verschlang. Trotzdem hielt man unbeirrt daran fest, erkannte in der anspruchsvollen und technisch durchaus interessanten Mittelmotoranordnung sogar ein Alleinstellungsmerkmal, dass es zu sichern galt.

Die Entwicklungskosten liefen jedenfalls völlig aus dem Ruder. Erst Lotz´ Nachfolger Rudolf Leiding, der 1971 von VW do Brasil in den Chefsessel am Mittellandkanal wechselte, sorgte für Klarheit. Und zwar recht drastisch: Das nunmehr bereits seit drei Jahren laufende und praktisch serienreife Mittelmotorkonzept EA 266 ließ er kurzerhand stoppen, womit er sich gleich zu Beginn nicht nur Freunde machte.

Leiding hatte erkannt, dass sich „die Kosten und die Preiserfordernisse für diesen Wagen mit den Marktgegebenheiten nicht mehr vereinbaren" ließen. Ein harter Cut war gefragt: Volkswagen liefen die Zeit und die Kosten einfach davon, ein ernsthafter Käfer-Kronprinz war noch immer nicht gekürt. Weitere „Opfer" von Leiding waren in der Folge die erfolglosen Heckmotormodelle Typ 4 und VW 1600, die der Markt nie wirklich akzeptiert hatte.

Stattdessen setzte Leiding auf Synergieeffekte innerhalb des Konzerns, indem er die für die Tochter Audi vorgesehenen Entwicklungsaufträge EA 885 (Audi 50) und EA 838 (Audi 80) auch als Ausgangsbasen für künftige VW-Modelle sah. Wie wir heute wissen, sollte sich der Ansatz durchsetzen: Aus dem Konzept mit wassergekühlten und vorn quer eingebauten Motoren plus Frontantrieb sollte sich bereits 1973 mit dem Passat der erste Spross einer neuen Modellfamilie entwickeln, dem 1974 der Scirocco und der Golf und 1975 der Polo folgten.

So ist Rudolf Leiding neben Giorgio Giugiaro, der ihm das rasante Blechkleid schneiderte, der eigentliche Vater des Scirocco. Der wiederum ein Derivat war, war er doch auf Basis des EA 337 entstanden, der später zum Golf wurde und kurioserweise erst nach seinem sportlichen Ableger erschien.

Interessant ist in diesem Zusammenhang eine Anekdote, die in VW-Fankreisen immer wieder mal diskutiert wird, deren Wahrheitsgehalt sich allerdings nicht belegen lässt: Angeblich soll Leiding, der in Brasilien unter anderem für den SP2 verantwortlich gewesen war, zunächst darüber nachgedacht haben, das extrem schicke Coupé, das ausschließlich für den südamerikanischen Markt konzipiert war, nach Deutschland zu holen.

Vorteil: Es wäre fertig gewesen, hätte also praktisch sofort eingeführt werden können und wäre aufgrund seiner durchaus attraktiven Form ebenfalls ein würdiger Nachfolger des Karmann Ghia geworden. Ein Indiz dafür, dass es Überlegungen in diese Richtung gab, lieferte jüngst der Bonner Automobilantiquar Arno Wagner, dem

Giugiaros attraktive Keilform brauchte sich vor zeitgenössischen Alfa Romeo nicht zu verstecken – der Scirocco war formal äußerst gelungen.

Mit der Fahrgestellnummer 1 ging VW in die Werbung. Dieses silberfarbene Fahrzeug sollte die ersten Printkampagnen prägen.

ein fix und fertig in deutscher Sprache gedruckter Prospekt des SP2 angeboten worden war. Er datierte, so Wagner, aus dem Jahr 1972. So ganz unwahrscheinlich ist die Vermutung, das brasilianische Coupé hätte nach Deutschland geholt werden sollen, also nicht. Es ist allerdings auch denkbar, dass es die deutschsprachige Dokumentation nur gab, weil VW den SP2 1971 auf der Hannover-Messe dem internationalen Publikum präsentierte.

So ganz unattraktiv wäre der Brasilianer für den hiesigen Markt tatsächlich nicht gewesen. Das schnittige Coupé mit luftgekühltem Vierzylinder-Boxermotor mit zwei Fallstromvergasern, der wie beim Typ 3 – auf dessen verlängerter Plattform es basierte – als „Flachmotor" montiert war, verfügte über ein überaus schnittiges Blechkleid mit markanter „Haifischnase". Zumindest die hatte auch der eher erfolglose 412. Trotz des Leergewichts von nur 890 Kilogramm verhinderten die beiden angebotenen Motoren – 1,6 Liter mit 54 PS und 1,7 Liter mit 65 PS –, dass der SP2 so schnell war wie er aussah. Die Brasilianer lieferten für das Kürzel „SP" daraufhin die spöttische Interpretation „sem potencia" („ohne Leistung"). Für ein Sportcoupé war das natürlich wenig schmeichelhaft.

Mit dem Typ 3 verband den SP2 auch das Phänomen, dass er über zwei Kofferräume verfügte: der vordere fasste 140 Liter, das Heckabteil 250. Allerdings wurde der Wagen auch in seiner Heimat nur schleppend verkauft, bereits 1976 endete die Produktion nach 10.193 Exemplaren. Da war der Scirocco in Europa längst auf Erfolgkurs.

Zeitgeschichte: Das war 1974

- Die Nelkenrevolution beendet die Diktatur in Portugal, Ende des Jahres bricht auch die Obristen-Diktatur in Griechenland zusammen
- Deutschland wird im eigenen Land Fußballweltmeister
- Die Band Kraftwerk stellt das legendäre Album Autobahn vor
- Muhammad Ali wird im damaligen Zaire erneut Weltmeister im Schwergewicht gegen George Foreman. Der Boxkampf geht als „Rumble in the Jungle" in die Sportgeschichte ein.
- Die beiden deutschen Staaten eröffnen ihre so genannten ständigen Vertretungen in Bonn und Ost-Berlin.
- Bundeskanzler Willy Brandt tritt aufgrund der Guillaume-Affäre zurück. Helmut Schmidt wird sein Nachfolger.
- US-Präsident Richard Nixon stolpert über die Watergate-Affäre und tritt zurück.
- Archäologen entdecken in China die „Terrakotta-Armee".
- Der erste VW Golf erscheint.
- Hewlett Packard präsentiert den ersten programmierbaren Taschenrechner.
- Ein Liter Superbenzin kostet 0,87 DM.
- Die Mehrwertsteuer beträgt 11 Prozent.
- Ein durchschnittlicher Monatslohn liegt bei 1160,00 DM.

STA-HS 84

Design –
Frischer Wind aus Italien

Giugiaro bringt die neue VW-Generation in Schwung

Der Meister und sein Welterfolg: Giorgio Giugiaro und der erste Golf

Kein geringerer als Stardesigner Giorgio Giugiaro erhielt vom Volkswagenwerk den Auftrag, das Blechkleid für den neuen heißen Wüstenwind zu schneidern. Er tat dies mit scheinbar „leichter Feder", die dem Scirocco – wie fast parallel dazu auch dem ersten Golf und dem Passat B1 – grazile und zugleich sachliche Eleganz verlieh, die sich vom vorherigen Wolfsburger Stil grundlegend unterschied.

Die Kreativität lag dem Italiener, der als einer der einflussreichsten Automobildesigner gilt, im Blut. Sein Großvater war Kirchenmaler, sein Vater lebte von Ölmalerei. So war es selbstverständlich, dass auch der junge Giorgio Kunst studierte, allerdings bereits sehr früh eine Affinität für technische Designskizzen, vorzugsweise für Autos, entwickelte.

Das blieb dem damaligen technischen Direktor von Fiat, Dante Giacosa, nicht verborgen: Er förderte das junge Talent und holte es zum Automobilkonzern. 1959 ging Giugiaro zur „Carrozzeria Bertone" und wurde dort Leiter der Designabteilung. Damals entstanden veritable Ikonen des Auto-Designs, etwa die Giulia GT, auch schlicht bekannt als „der Bertone".

Bevor Giuigiaro 1967 sein eigenes Unternehmen gründete – das bis heute unter dem Namen Italdesign existiert und inzwischen zum Volkswagenkonzern gehört – nahm er noch einen kleinen Umweg über den Bertone-Konkurrenten Ghia, wo er ebenfalls als Leiter der Designabteilung fungierte. Unter anderem der Maserati Ghibli entstand dort maßgeblich unter Giugiaros Ägide.

Tatsächlich fürchtete VW Kannibalisierungseffekte zwischen dem Scirocco und dem Fließheckmodell Passat.

So sah es aus, als bei Karmann in Osnabrück die Produktion brummte.

Italdesign ist noch immer eines der wichtigsten Designbüros für Fahrzeugstyling und verantwortete neben sachlichen Nutzwertfahrzeugen wie VW Golf und Passat, Fiat Uno und dem grandiosen Panda („die tolle Kiste") auch Träume wie Maserati 3200 GT. Wie den stilsicheren Italienern allerdings auch so etwas wie ein SsangYong Rexton passieren konnte, bleibt schleierhaft. Ist aber auch eine andere Geschichte …

Die Vorentwicklung des Scirocco begann Ende 1971 mit einem Treffen von Volkswagen- und Karmann-Entwicklern. Gemeinsam wollte man die wichtigsten Punkte der Zusammenarbeit bei der Produktion des Entwicklungsauftrags (EA) 398 festlegen. Die Wolfsburger setzten aus Gründen der Wirtschaftlichkeit auf ein damals neuartiges Baukastenprinzip: Das Sportcoupé sollte mehrheitlich aus Gleichteilen der später

Bereits 1975 stellte Giugiaro eine Studie des Scirocco II vor, der man in Ansätzen Ähnlichkeit zum Lancia Gamma Coupé „vorwerfen" könnte. Rückblickend wissen wir: Der zweite Scirocco wurde ein Hausgewächs.

Blick ins TS-Cockpit: Das legendäre „Spucknapf"-Lenkrad gab es noch nicht, drei gelochte Metallspeichen gaben Sportsgeist. Voltmeter und Öldruckanzeige in der Mittelkonsole unterstrichen die sportlichen Ambitionen.

Cockpit ab 1976 (GT/GTI): Das wegen der Form des Hupknopfs „Spucknapf" getaufte Lenkrad wird Kult. Die Schaltkulisse über dem Zigarettenanzünder entfällt.

startenden Kompaktlimousine Golf (EA 337) gefertigt werden, um die Produktion effizienter und kostengünstiger zu gestalten.

Außerdem, so planten es die Konzernbosse, sollte es ohne großen Aufwand möglich sein, die Scirocco-Produktion im Falle von Fertigungsspitzen von Karmann in Osnabrück ins VW-Stammwerk nach Wolfsburg zu holen, wo das Coupé dann gemeinsam mit dem Golf vom Band gelaufen wäre. Nicht nur das: Auch die Montagereihenfolge am Band sollte mit der des Golf identisch sein. So sollte sich der Scirocco mit dem Golf den Motor, dessen Elektrik, das Getriebe und die Kupplung, die Aggregate-Lagerung, die Lenkung und die Hinterachse, Bremsen und Pedalerie, die Schlösser und die Griffe, Dichtungen, Fensterheber und Scharniere, Heizung, Lüftung und die Zentralelektrik teilen. Größtes Problem: Dies alles gab es noch nicht, und was es gab, war nicht serienreif.

Während Volkswagen also für die Technikkomponenten des neuen Fahrzeuges zuständig war, oblag es „den Karmännern", die Außenhaut zu entwickeln. Und zwar komplett: Nach den Entwürfen Giugiaros sollten die Westfalen sämtliche Karosserieteile wie Türen, Hauben, Seitenteile, Dach und Kotflügel konstruieren. Außerdem

Reminiszenz an selige Käferzeiten im frühen Scirocco-Cockpit: Das Schaltschema über dem Zigarettenanzünder waren VW-Fahrer aus der Boxerära gewohnt.

Bis Juli 1976 war der TS das Spitzenmodell der Baureihe. Und mit 85 PS auch das Flotteste. Im August '76 wurde der TS vom GT abgelöst.

eine Rohkarrosseie, deren Bodenbleche und Träger mit denen des Golf identisch waren. Einige Baugruppen konstruierte man bei Karmann neu, etwa die Fenster, die Zierleisten, die Sitze und die Armaturentafel, wobei auch da das Credo galt: je mehr Gleichteile mit dem Golf, desto besser.

Auf der fertigungstechnischen Seite schien nun alles klar, aber: Wie sollte der heiße Feger denn überhaupt am Ende aussehen? Schwenk nach Turin, wo Giorgio Giugiaro und seine Mannen fleißig an der Form des Scirocco feilten: Sie entwarfen zunächst Modelle im Maßstab 1:4, woraus sich dann das erste 1:1-Modell entwickelte. Schon mit der späteren Linie des Coupés, schick und schnörkellos mit niedriger Gürtellinie und keilförmigem Profil – die klare Formensprache kam gut an. Dass sie später eine ganze Fahrzeugpalette der Niedersachsen prägen sollte, ahnte man zu diesem Zeitpunkt allerdings noch nicht.

Die Modelle wurden regelmäßig nach Wolfsburg überstellt, wo sie im Windkanal optimiert wurden. Anfang 1972 schien die optimale Form gefunden: Änderungen an Bug und Heck – die zum typischen „Entenbürzel-Spoiler“ ausgeformte Heckklappe prägte das 1:1-Modell – senkten den c_w-Wert auf seinerzeit durchaus beachtliche 0,364.

Im April 1972 war dieses Modell dann auch die Basis für die Entscheidung über das endgültige Design des neuen Coupés. Es galt noch zu klären, ob man Rechteck- oder Doppelscheinwerfer einsetzen wollte (in der Serie gab es ja dann ausstattungsabhängig sowohl als auch), ob man die Fenster mit Rahmen versehen sollte oder wie breit die C-Säulen ausfallen sollten. Die Geschichte zeigt: Es wurden ziemlich breite C-Säulen – die auch die Silhouette des späteren Golf nachhaltig prägten – und es gab Fensterrahmen.

Trotz der formalen Eigenständigkeit des Scirocco fürchtete der Konzernvorstand eine zu große Ähnlichkeit zum Passat B1 (EA 400), den es ja auch in einer zumindest coupéähnlichen Fließheckvariante geben sollte, und zum Golf. Man hatte Angst vor Kannibalisierungseffekten und daraus folgenden Gewinneinbrüchen, die man durch Nachverhandlungen mit Karmann zu kompensieren versuchte. Oder anders formuliert: Volkswagen wollte schlicht den Preis drücken. Was in Maßen gelang.

Allerdings war man ja auch aufeinander angewiesen – VW brauchte dringend einen Nachfolger für den barocken Karmann Ghia Typ 14, die Westfalen wollten den Folgeauftrag, weshalb die Osnabrücker die Entwicklung des Scirocco fortsetzten, obwohl es bis in den Herbst 1972 hinein keinen offiziellen schriftlichen Fertigungsauftrag und keine Verträge gab – heute undenkbar!

Marsrot – das war jahrelang eine der beliebtesten Farben im VW-Programm. Das Pressefoto stammt von 1974.

Erfolgstyp – Der Scirocco startet gleich durch

Das Sportcoupé wird für Volkswagen zum Image-Booster

Anfang der 70er Jahre stand es um den Volkswagenkonzern nicht sonderlich gut. Die Ölpreiskrise und eine vollkommen veraltete Fahrzeugpalette, die man den Kunden kaum noch schmackhaft machen konnte, stürzten den Wolfsburger Autobauer tief in die roten Zahlen.

Die Wende musste her! Neue, moderne Fahrzeugmodelle und eine zeitgemäße Produktpolitik sollten – und mussten! – Volkswagen retten. Einen Nimbus, mit dem es den meisten anderen voraus war, hatte das Unternehmen indes nach wie vor: Der jahrzehntelange Erfolg des Käfers und all seiner Derivate wie Bulli und Typ 3 hatte dazu geführt, dass die Marke mit den Attributen „wirtschaftlich", „zuverlässig" und „klassenlos" in Verbindung gebracht wurde. Das war ein Pfund, mit dem sich wuchern ließ!

Nun musste diese Volkswagen-DNA „nur noch" in eine neue Fahrzeuggeneration übertragen werden, mit der sich die Markenbotschaft um „Sportlichkeit" und „Fortschritt" erweitern ließ. Denn das waren Eigenschaften, die man mit VW-Automobilen nun gar nicht in Verbindung brachte – die von der Kundschaft aber immer lauter eingefordert wurden.

Kein leichtes Unterfangen! Nicht nur für die Entwickler, sondern auch für die Abteilungen, die für Werbung und Vermarktung zuständig waren. Schließlich stand mit den kommenden Modellen Golf, Passat, Scirocco und Polo ein derart radikal runderneuertes Angebot in den Startlöchern, dass praktisch überall Neuland betreten werden musste. Und die Ansprüche, die man an sich selbst stellte, waren hoch: Man wollte nichts weniger als „Erster" sein, das war man aus seligen

„Une voiture de rêve": Zur Weltpremiere 1974 auf dem Genfer Automobilsalon wird der Scirocco als veritabler Traumwagen präsentiert.

Der neue Scirocco war der Star in Genf – allerdings auch ein wenig deshalb, weil die Messe kurz nach der Ölpreiskrise 1973 nicht gerade vor Highlights strotzte.

Käfer-Hochzeiten ja auch nicht anders gewohnt.

Die besondere Herausforderung bestand nun auch darin, dass man für die Kampagnen der einzelnen Neuheiten nicht unendlich viel Zeit hatte. Sie erschienen ja nahezu gleichzeitig! Wie sollte man also an die Vermarktung gehen? Welche Botschaft sollte man wie vermitteln? Sollte man kurzerhand mit allem bisher dagewesenen brechen oder eher einen möglichst fließenden Übergang in „die neue Zeit" schaffen? Fragen, die für den Wolfsburger Konzern überlebenswichtig waren. Es reichte nicht aus, einfach nur neue Fahrzeugkonzepte anzubieten, sie wollen der Kundschaft auch entsprechend vermittelt sein.

So ging die Marketingabteilung anfangs auf Nummer Sicher und erprobte die Kampagne für den VW Scirocco zunächst im eigenen Haus, namentlich in der Forschungs- und Entwicklungsabteilung. Dort wurde das neue Coupé nur den Mitarbeitern aus Marketing und Vertrieb präsentiert. Und zwar nicht nur das reine Fahrzeug, sondern eine komplette Ausstellungsfläche, wie sie dann später bei Händlern und auf Messen zum Einsatz kommen sollte.

Der Stand bot zunächst großformatige Schautafeln mit der recht sachlichen Vorstellung der technischen Ausstattungsmerkmale. Dazu wurde ein knapp zehnminütiger Film gezeigt, der Emotionen wecken sollte. Immerhin: Sportlegenden wie Joe Frazier und George Foreman, Pelé, Jackie Stewart und Emerson Fittipaldi wurden bemüht, um das sportliche Talent des neuen Scirocco herauszustellen. Dazu die Stimme aus dem Off: „Auf alle diejenigen, die an einem aktiven, sportlichen, lebendigen Leben teilnehmen wollen, wartet ein neues Erlebnis: der neue Scirocco – sportlich, exklusiv, praktisch!"

Auch Giorgio Giugiaro, schon damals berühmt, kam zu Wort und bezeichnete den Wüstenkeil als formal gelungen – logisch, der Entwurf stammte ja von ihm! –, praktisch und aerodynamisch, wobei er im Interview auch gleich die Zielgruppe des Wagens definierte: junge, sportlich ambitionierte Männer und – junge Karrierefrauen!

Die großen Rechteckscheinwerfer verraten, dass es sich hier um ein eher sparsam motorisiertes Modell handelt. Für die Urlaubsreise reichte es der sportlichen Dame allemal.

Abgerundet wurde der Produktfilm von einem Fahrtest, den niemand geringerer als Erhard Keller, mehrfacher Olympiasieger im Eisschnelllauf, unternahm und zu dem Schluss kam: „Ein sehr hübscher Wagen, sehr komfortabel und mit viel Leben darin!" Mit einer solchen Formulierung würde man anno 2018 keinen Kunden mehr von der Couch bewegen können, 1974 lag darin aber schon eine gewisse zeitgeistige Dynamik.

Schlussendlich traf vor allem der Film ins Schwarze: Präsentiert wurde ein eigenständiges Fahrzeug, das sich durch Design und Sportlichkeit von der Masse abhob und etwas ansprach, was für Automobile aus dem Volkswagen-Konzern zuvor nicht gelten mochte: Gefühl. Die Kunden sollten sich in erster Linie aus emotionalen Gründen für einen Scirocco entscheiden. Dass er auch technisch auf der Höhe der Zeit war, Sicherheit und Praxisnutzen vermittelte, schwang immer mit, wichtig war aber der Kommunikationsmix aus Sport, Spaß und Vernunft. Das Konzept kam intern sehr gut an.

Aufregend vernünftig: Mit diesem Slogan enterte der neue VW die Medien, damals noch vorwiegend Print.

Für die offizielle Pressepräsentation am 25. Februar 1974 entschied man sich indes dennoch, den Schwerpunkt auf die Technik zu legen und eher die Wirtschaftlichkeit und die Fortschrittlichkeit des neuen Wagens in den Vordergrund zu rücken. Wieder bestand die Präsentation aus zwei Teilen – Schautafeln und einem Film –, ergänzt um mehrere Komplettfahrzeuge, Rohkarosserien und Modelle.

Bei dieser Vorstellung war es wichtig, den Journalisten unter anderem die Verbundlenkerhinterachse und den diagonal aufgeteilten Bremskreislauf zu vermitteln, wofür auch Trickfilme produziert worden waren. Der Duktus war insgesamt von Sachlichkeit und technischer Informationsvermittlung geprägt, Emotionen wurden nicht transportiert. Ein Slogan der Pressemappe lautete: „Sportlichkeit – mit VW-Verstand". Daraus wurde praktisch das Leitmotiv für das Marketing.

So richtig zündend war das freilich nicht. Den Händlern brachte man den Wagen mit dem Slogan „Scirocco. Ein Sportcoupé in Bestform" nahe. Der Spruch wurde später auch in der Printwerbung verwendet. Die Händlerpräsentationen in 20 Städten – heute würde man sie „Events" nennen – waren generalstabsmäßig durchgeplant. Stets stand eine Auswahl mehrerer Fahrzeuge als Anschauungsobjekte für die verschiedenen Ausstattungsvarianten und Motorisierungen bereit, es gab Vorträge und Schautafeln über die technischen Spezifikationen und den bereits erwähnten, sehr emotionalen, Film.

Eine leuchtend grüne Infomappe mit Scirocco-Schriftzug – die der Lackierung „Viperngrün" ähnelte, nur, dass sie nicht metallisch schimmerte – enthielt ein Verkaufshandbuch inklusive Informationen über die wichtigsten Wettbewerber, Postkarten, Prospektmaterial und Preislisten sowie ein knallgrünes T-Shirt mit dem Schriftzug „Scirocco" auf der Brust. Kleine Randnotiz: Originale T-Shirts aus der damaligen Händlerkampagne werden heute unter Fans hoch gehandelt!

Die Stoßrichtung des Marketings war eindeutig: Der neue Scirocco sollte sich mit einem „kraftvoll-männlichen und zugleich exklusiven Styling" zuerst über seine Optik verkaufen, was Marketingexperten seinerzeit als Hauptargument für die Gattung der sportlichen Coupés ausgemacht hatten. Das gilt übrigens auch heute noch: Wer ein Coupé kauft, braucht oder will kein praktisches Auto.

Nun wollte VW aber, anders als beim Vorgänger Karmann Ghia, nicht nur eine hübsche Hülle vermarkten, sondern die sportlich-straffe Linie auch mit entsprechenden Antrieben füllen. Was konsequent umgesetzt wurde. Obwohl die Basismotorisierung mit 50 PS aus 1,1 Litern Hubraum nun wirklich kein Sportmotor war, verschaffte aber selbst sie dem konsequent leicht gebauten Scirocco bereits befriedigende Fahrleistungen. Und wer je einem der kleinen Vierzylindermotoren der damaligen Zeit zugehört hat, weiß, dass sich dessen kerniger Sound immer schneller anhörte, als das Auto tatsächlich war. Man(n) fühlte sich in einem Scirocco also nicht untermotorisiert und war es mit den leistungsstärkeren Aggregaten auch tatsächlich nicht.

Auch hier eine schlichte Aufzählung der technischen Daten, ergänzt um ein Zitat aus der Tagespresse – das war schlicht und ergreifend sehr geschickt umgesetzt.

Natürlich konnte man ein neues Auto nicht ausschließlich über sein Aussehen vermarkten, also brachte die Marketingabteilung auch den Nutzwert und die Sicherheit des Wüstenwindes nach vorne. Nun, in der Tat bot er Platz für vier Personen – wobei man Erwachsenen keine längeren Touren im Fond zumuten möchte – und auch der Laderaum ließ sich dank großer Heckklappe bequem erreichen.

Wichtiger wog indes die gegenüber den wichtigsten Wettbewerbern viel modernere Konstruktion mit diagonal aufgeteilter Zweikreis-Bremsanlage und des Fahrwerks mit vorderen McPherson-Federbeinen und der hinteren Verbundlenkerachse, das für ebenso knackiges wie unkompliziertes Fahrverhalten sorgte.

Volkswagen lieferte seinen Händlern die wichtigsten Unterscheidungsmerkmale des Scirocco

Fahrdynamisch waren die Volkswagen der Siebziger allesamt weit vorn.

Das Pressefoto stammt aus der Mitte der Siebziger.

Klischee as Klischee can: Lederjacke, Fluppe, Cowboystiefel und der Rocco ordentlich gepimpt. Über die Radzierblenden sehen wir mal hinweg, aber: Cooler geht's nimmer!

Schrauben geht auf kleinstem Raum: Michael Grote brachte seinen grünen Keil in der heimischen Garage auf Vordermann.

Die Typbezeichnung wurde abmontiert – man will ja nicht angeben. Dafür gab's eine sportive Chrom-Auspuffblende.

Das niedersächsisches Werbe-Idyll zeigt Wolfsburger Sportschick vor klassischer Gutshofkulisse.

Dortmunder Südhafen. Michael Grote fotografierte den Viperngrünen am Fahrgastschiff-Anleger.

Der silberfarbene Scirocco ist offenbar der ganze Stolz des jungen Mannes aus dem nordrhein-westfälischen Hagen. Das versetzt montierte Kennzeichen galt als sportlich.

Das Pressefoto von 1974 zeigt die Reisetauglichkeit des Coupés. Für zwei reichte die Ladekapazität allemal.

Wolfsburg, Mitte der Siebziger: Ein paar Fremdfabrikate – sogar ein Alfasud – sind dazwischengemogelt, sonst herrscht schöne VW-Monokultur.

gegenüber den wichtigsten Konkurrenten Opel Manta und Ford Capri in Form von Faltblättern gleich mit. So gab es stets die Gegenüberstellung aus „So sehen Fachzeitschriften dieses Auto" und „So sehen wir den Scirocco im Vergleich zu diesem Auto". Im Fall des Ford Capri wurden die von der Fachpresse ermittelten Pluspunkte so beschrieben:

- Viele Ausstattungs- und Motorvarianten verfügbar
- Gute Kaltlaufeigenschaften
- Leiser Motorlauf
- Exakte Schaltung

Die Minuspunkte des Capri waren:

- Geringe Kopffreiheit auf der Rückbank
- Mäßiges Fahrverhalten auf holprigen Straßen
- Unnötige Bedienungsmängel
- Superbenzin auch für 55 PS

Das Volkswagen-Marketing sah den Scirocco so: „Auch den Scirocco gibt es mit mehreren Motor- und Ausstattungsvarianten. Trotz geringerer Länge bietet er den gleichen Innenraum. Der sportliche Motor, das ausgezeichnete Fahrwerk und das günstige Leistungsgewicht verleihen ihm überlegene Fahrleistungen. Sein kraftvoll-männliches Styling steht in krassem Gegensatz zur Form des Capri."

Für – oder besser gegen – den Opel Manta sahen die Argumentationshilfen ganz ähnlich aus. Die Fachpresse urteilte:

- Technisch reifes Auto
- Langlebiger Motor
- Gutes Fahrverhalten
- Relativ hoher Wiederverkaufswert

Aber auch:

- Schlechtes Kaltstartverhalten
- Zäher Antritt
- Störendes Motorgeräusch
- Hoher Anschaffungspreis

In der Selbstwahrnehmung von VW bedeutete dies: „Trotz geringerer Außenabmessungen bietet der Scirocco nahezu den gleichen Innenraum. Sein männlich-kraftvolles Styling hebt sich deutlich von dem limousinenhaften Manta ab. Durch

Hobby-Transporter: Wenn nicht die ganze Familie mitfuhr, taugte der Scirocco auch als Flugzeugträger für Vater und Sohn.

Der ernste Bert fährt Golf, Ernie darf im Scirocco mit – sehr zur Freude des Mädchens, dessen Eltern, den Leichtmetallrädern nach zu urteilen, den Flitzer in gehobener Ausstattung geordert haben.

Ob es der Wagen trotz erster Rostansätze 1980 durch den TÜV schaffte, ist nicht überliefert. Zuvor jedenfalls hatte dieser Wuppertaler offensichtlich noch viel Spaß an seinem diamantsilberfarbenen Scirocco.

Typische Reiseszene aus den Siebzigern: Viel größer als diese Kinder durfte man aber auch nicht sein, wollte man längere Distanzen im engen Fond des ersten Scirocco zurücklegen.

Flotte junge Dame im TS, der mit 85 PS bis Juli 1976 das Topmodell der Baureihe war: Diese Bildkomposition passte perfekt in die Werbewelt der Siebziger.

Außenfarben.

schwarz A1A1 –

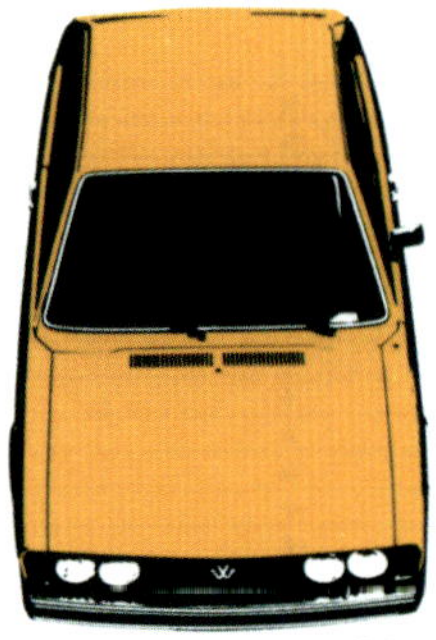
marinogelb E6E6 –

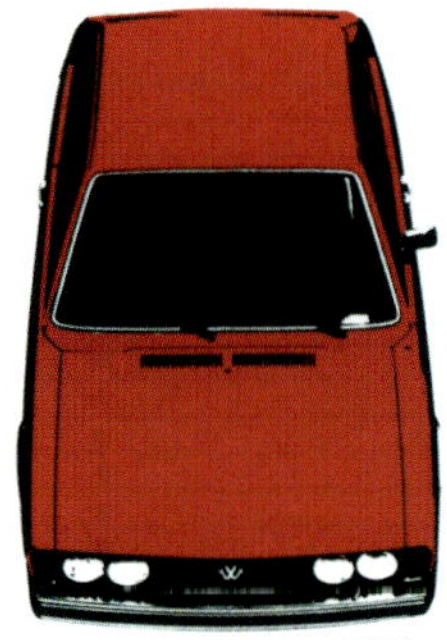
marsrot G6G6 –

malagarot H5H5 –

riffblau K4K4 –

alpinweiß P1P1 –

brasilbraun metallic W8W8 –

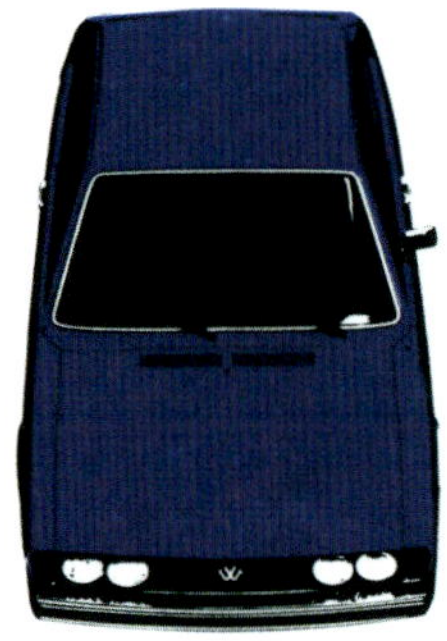
ancona metallic X5X5 –

viperngrün metallic Y5Y5 –

platin metallic Y6Y6 –

cobalt metallic Y7Y7 –

perl metallic Z3Z3 –

diamantsilber metallic Z4Z4 –

kolibrigrün metallic Z7Z7 –

Mögliche Farbkombinationen			Außenfarben	Scirocco/Scirocco L Scirocco GT											Scirocco GL							
Sitzbezüge				schwarz	marinogelb	marsrot*	malagarot	riffblau	alpinweiß	brasilbraun metallic*	ancona metallic*	viperngrün metallic*	diamantsilber metallic*	kolibrigrün metallic*	brasilbraun metallic	ancona metallic	viperngrün metallic	platin metallic	cobalt metallic	perl metallic	diamantsilber metallic	kolibrigrün metallic
Scirocco																						
Stoff	schwarz	--03		■	■	■	■	■	■	■	■	■	■	■								
Kunstleder	schwarz	--50		■	■	■	■	■	■	■	■	■	■	■								
Scirocco L																						
Stoff	schwarz	--03		■	■	■	■	■	■	■	■	■	■									
	pergament	--04		■		■	■	■		■	■	■		■								
	tabac	--08		■	■				■			■	■									
	marine	--09			■				■		■		■									
Kunstleder	schwarz	--50		■	■	■	■	■	■	■	■	■	■									
	pergament	--51		■		■	■	■		■	■	■		■								
	tabac	--53		■	■				■			■	■									
	marine	--55			■				■		■		■									
Scirocco GT																						
Stoff	grün	--11										■										
	rot	--42				■			■													
	blau	--43						■			■											
	dunkelrot	--47					■															
	gelb	--48			■																	
	beigebronce	--49								■												
	beigebraun	--80												■								
	schwarzgrau	--81		■									■									
Kunstleder	schwarz	--50		■	■	■	■	■	■	■	■	■	■									
	pergament	--51		■		■	■	■		■	■	■		■								
	tabac	--53		■	■				■			■	■									
	marine	--55			■				■		■		■									
Scirocco GL																						
Stoff	schwarz	--94													■	■	■	■		■	■	
	pergament	--95													■	■	■	■	■			■
	beduin	--96														■		■	■	■		■
	siena	--97																■	■	■	■	
Kunstleder	schwarz	--50													■	■	■	■		■	■	
	pergament	--51													■	■	■	■	■			■
	beduin	--64														■		■	■	■		■
	siena	--65																■	■	■	■	

* Sonderfarben und Metallic-Lackierungen gegen Aufpreis. (Gilt nicht für Scirocco GL). Kunstleder-Sitzbezüge gegen Aufpreis.

So schön bunt hier: Die Palette von 1977 kennt ein paar tolle Farben.

Innen setzte sich das Farbspektakel fort: Schicke Karos und ein Cord-Bezug, der noch „tabac" heißen durfte.

Emanzipation à la 70er: Dank Sitzverstellung darf auch die kleinere Frau ans Steuer.

den sportlichen Motor und das günstige Leistungsgewicht ist er dem Manta in den Fahrleistungen überlegen. Sein Gepäckraum ist geringfügig kleiner, dafür aber besser zugänglich."

Wieder bildeten „Kraft" und „Männlichkeit" – wenn auch nicht die alleinigen – Hauptargumente für die Entscheidung zugunsten des Scirocco, was auch den Zeitgeist der Siebziger treffend widerspiegelt. Würde man heute, hauptsächlich auf dieser maskulinen Welle reitend, ein Auto vermarkten wollen – der Hashtag „Aufschrei" würde umgehend neuen Aufschwung erfahren!

Die Strategie trug Früchte: Die Weltpremiere des Scirocco auf dem Automobilsalon in Genf 1974 darf als voller Erfolg gelten. Was auch ein wenig daran lag, dass er eine der wenigen wirklichen Neuerscheinungen dieses Jahres war. Die gerade überstandene Energiekrise hatte dazu geführt, dass sich die Automobilindustrie insgesamt zurückhaltend präsentierte.

So war das schnittige Coupé auch der schillernde Star auf dem über 700 Quadratmeter großen Messestand, der ebenfalls noch sehr neue Passat bekam auch ein wenig Ruhm ab; Käfer, der ohnehin ungeliebte K 70 und der 411 wurden dagegen kaum noch beachtet. Natürlich wurde es nicht offen kommuniziert, aber eigentlich galten sie als Altlasten einer Ära, die VW abschütteln wollte.

Der Scirocco hatte somit den (un)dankbaren Job übertragen bekommen, die Weltöffentlichkeit davon zu überzeugen, dass man in Wolfsburg die Weichen unaufhaltsam in Richtung Fortschritt gestellt hatte. Was er bravourös meisterte: Im Anschluss an die Premiere in Genf berichteten nicht nur Fachmagazine, sondern auch Publikumszeitschriften ausführlich und detailreich über das neue Sportcoupé.

Das VW-Hausmagazin *Gute Fahrt* meldete, dass der Scirocco ein „Vielzweck-Instrument" sei. Schwärmerisch berichteten die Autoren, dass der neue Wagen „kostengünstig zu fertigen sei" und einen „wertvollen Eindruck" mache. Der Scirocco „ist ein Coupé und bietet doch Platz für vier Personen. Er wird als Sportwagen empfunden und hält den Gepäckraum eines Lieferwagens bereit. Er ist temperamentvoll und knausert doch mit dem Benzin. Er ist fahrsicher und doch komfortabel, richtungsstabil und doch wendig genug."

Die Hymne der Hausautoren mündet in das schmetternde Finale: „Er ist, man darf das ohne Übertreibung konstatieren, das zur Zeit modernste Auto nicht nur Europas, sondern dieser Erde. Er signalisiert, dass Wolfsburg wieder ganz nach vorn rückt."

Die weniger abhängigen Fachmagazine urteilten nüchterner. Günter Wiechmann, Redakteur der *Auto Zeitung*, stellte fest, dass der Scirocco zwar keine „sensationellen Neuheiten bietet", aber „viele der positiven Erfahrungen und Erkenntnisse verbindet, die im VW/Audi-Programm und auch bei der Konkurrenz gewonnen wurden", etwa die große Heckklappe, den variablen Innenraum sowie das Frontantriebskonzept mit querstehenden Aggregaten. Reinhard Seiffert von *auto, motor und sport* konnte sich für das sportliche Fahrwerk und die temperamentvolle Beschleunigung begeistern und kam zu dem Schluss, dass der Scirocco ein unverwechselbar individuelles Fahrzeug sei, das „weder mit dem lahmen, alten Käfer noch mit dem zivilen, in der Lenkung indirekten Passat" vergleichbar wäre.

Gut, es gab auch weniger euphorische Worte. Vereinzelt bemängelten Tester, dass die flach stehende Heckscheibe schnell verschmutzte, das knappe Platzangebot im Fond wurde kritisiert, auch waren frühe Testfahrzeuge noch nicht auf dem späteren Verarbeitungsniveau angekommen, insgesamt aber erfüllte der Scirocco seinen Auftrag als blechgewordener Wegweiser in die Zukunft des Volkswagenwerkes genau so, wie es die Marketingabteilung vorgesehen hatte. Er wurde zum Imageträger einer neuen und zeitgemäßen Fahrzeuggeneration, die mit den luftgekühlten Boxern ein für alle Mal abschloss.

Praktisch war er auch: Viel größer dürfen aber weder Kinder noch Einkauf werden, will die Familie weiter Scirocco fahren.

11,5!

9,3!

9,2!

Abgebildete Ausstattungen und Farben entsprechen nicht immer dem Serienstand.

GTI – Drei magische Lettern

Der „Jeti" kommt, und der „Rocco" wird zum echten Sportler

Der GTI erfüllte mit 110 PS endlich die Erwartungen an ein Sportcoupé. Im Gegensatz zum Golf GTI kam der Scirocco aber ohne weitere äußere Erkennungsmerkmale aus.

Rechte Seite: So stand es in *hobby*, dem legendären Magazin der Technik. Vergleichsobjekte sind Porsche 911, BMW 630 CS und Alfa Montreal.

Die stärkste verfügbare Motorisierung im Scirocco war die 85-PS-Maschine. Damit stand der Wüstenwind zwar nicht schlecht im Futter – nicht zuletzt dank seines geringen Gewichts –, ein echter Sportwagen war er damit aber auch (noch) nicht. Das sollte sich ändern, als Volkswagen sich traute, auch seine neue Kompaktlimousine Golf in einer sportlichen Variante anzubieten – die zunächst tatsächlich „Sport-Golf" heißen sollte. Welchen Run das auslösen sollte, ließ sich 1973 – in diesem Jahr wurde die Idee des Kompaktsportlers geboren – nicht einmal ahnen.

1973 schreiben wir das Jahr der Ölpreiskrise. BMW machte sich mit dem tollen, aber trinkfreudigen 02 turbo, den es zudem noch mit dem leicht provokant spiegelverkehrt gesetzten Schriftzug auf dem Frontspoiler gab, nicht nur Freunde. Ford bot mit dem Escort RS ein Fahrzeug an, das seine sportliche Auslegung recht aggressiv zur Schau stellte. Volkswagen hatte, nun den Käfer in einer Sonderserie hergestellt, die als „gelb-schwarzer-Renner" mit 50 strammen Boxer-PS, Sportlenkrad, Sportstahlfelgen und mattschwarz lackierten Karosseriepartien berühmt wurde. Der Politik passten solche „Volks-

TEST JOURNAL

VW Golf und Scirocco GTI: Die Discount-Porsche

Lederlenkrad und Schalensitze: Schickes Golf GTI-Interieur

Besitzer von 50 000-Mark-Sportwagen haben allen Grund, dem Volkswagen-Werk böse zu sein. Während man bisher zu teuren Namen greifen mußte, um 100 km/h unter neun Sekunden zu ersprinten, kommen jetzt auch VW-Fahrer in den Genuß solcher Leistungsfreude: Der neue Scirocco GTI benötigt aus dem Stand bis zur 100 km/h-Marke 8,8 Sekunden (Golf GTI 9 sec) und erreicht überdies eine Höchstgeschwindigkeit von 185 km/h (Golf GTI 182 km/h). Zum Vergleich: Beim Porsche 911 stellen sich 100 km/h nach 8,2 sec ein, beim BMW 630 CS nach 8,9, beim Alfa Montreal nach 8,1 und beim Mercedes 450 SLC nach 8,8 Sekunden. VW-Kunden dringen in diese Auto-Society zum Sozialtarif ein: Der Golf GTI kostet 13 850 Mark, der Scirocco GTI ist für 16 125 Mark zu haben.

In beiden Fällen wurde der 110-PS-Einspritzmotor des Audi 80 GTE unter die Motorhaube verpflanzt. In Verbindung mit dem niedrigen Gewicht der beiden Dreitürer ergeben sich überaus günstige Verbrauchswerte: Nach DIN Norm konsumieren der Golf 8,0 und der Scirocco sogar nur 7,8 Liter pro 100 Kilometer.

Vorbildliches Triebwerk: Der 110-PS-Motor ist nicht nur drehfreudig und elastisch, sondern auch leise und sparsam

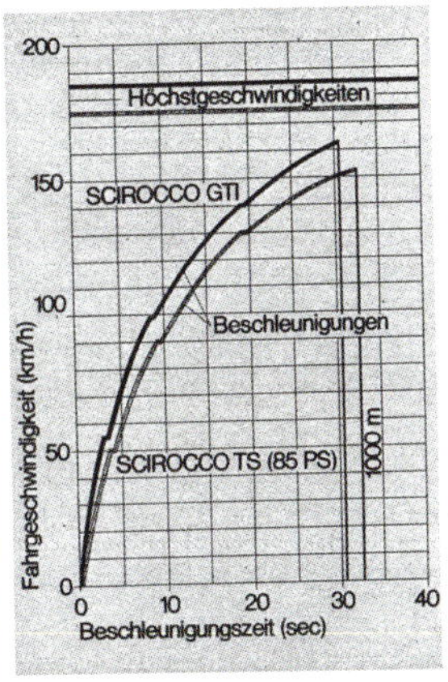

Beeindruckend: GTI-Beschleunigungs-Diagramm

Erste Fahreindrücke ergaben darüber hinaus, daß die Motoren auch bei hohen Drehzahlen leise bleiben. Die Höchstdrehzahl von 6100 U/min muß dank der guten Elastizität jedoch fast nie in Anspruch genommen werden. Beide Modelle verfügen über innenbelüftete Scheibenbremsen, einen zusätzlichen Ölkühler, 175/70 Stahlgürtelreifen, vergrößerte Bugspoiler und Querstabilisatoren. Das Golf-Fahrwerk wurde zusätzlich etwas tiefer gelegt, die Golf-Ausstattung verbessert. Erfreulich: die ausgezeichneten Schalensitze. Die Kotflügel-Verbreiterungen und viel Mattschwarz sollen den Golf, der nur in Rot und Silber ausgeliefert wird, auch äußerlich von den langsameren Serienbrüdern abheben. Gute Wünsche sind ebenfalls serienmäßig. VW: „Der Fahrer eines sportlichen Automobils kann es sich leisten, abzuwarten und anderen den Vortritt zu lassen." – Hoffentlich.

Technische Daten

Motor: 110 PS bei 6100 U/min, maximales Drehmoment 14,0 mkg bei 5000 U/min, Bohrung × Hub = 79,5 × 80 mm, Hubraum 1588 ccm, Verdichtung 9,5:1

Fahrwerk: Federbeine und Dreiecksquerlenker mit Stabilisator vorn, Verbundlenkerachse mit Stabilisator hinten, Reifen 175/70 HR 13, Felgen 5 1/2 J × 13, vorn innenbelüftete Scheiben, hinten Trommeln.

Text: Dirk Maxeiner

Dieser Zweier diente nach seiner Zeit bei der Flugwacht dem Deutschen Roten Kreuz als Transportfahrzeug für Blut- und Organspenden. Dafür war anstelle der Rückbank eine Kühlbox montiert worden. Das Einsatzfahrzeug mit dem Funkrufnamen Rotkreuz Tübingen 38 wurde bereits 1984 ausgemustert, existiert aber noch und steht heute in einem Museum. Das Bild schickte uns Axel Malczyk.

sportler" angesichts von autofreien Sonntagen und drohenden Tempolimits überhaupt nicht in den Kram, die Kunden liebten die kompakten Krawallbüchsen dafür umso mehr.

Grund genug für die Leute, die sich um Entwicklungsauftrag 337 kümmerten – also um den späteren Golf –, zurückhaltender an die Sache heranzugehen. Die Konzerntochter Audi hatte mit dem 110 PS starken 1,6-Liter-Einspritzmotor mit Bosch K-Jetronic unter der Leitung von Ferdinand Piëch soeben einen kräftigen Motor fertiggestellt, der ursprünglich für die Mittelklasselimousine Audi 80 GTE vorgesehen war.

Er passte perfekt in den Bug des Golf, der 1976 mit entsprechend verstärktem und leicht tiefergelegtem Fahrwerk und dezent-sportlichen Retuschen an Karosserie und Innenraum (das berühmte „Spucknapf"-Drei-Speichen-Lenkrad hatten ganz frühe Modelle übrigens noch nicht, den Golfball-Schaltknauf hingegen schon) in einer limitierten Auflage von 5000 Exemplaren an den Markt gehen sollte.

Allerdings war die Kundschaft von dem zunächst nur in Rot und Silber erhältlichen Sondermodell des Golf derart begeistert, dass die Produktionskapazitäten stetig ausgeweitet wurden und von einem limitierten Sondermodell bald keiner mehr sprach – der „Grand Tourisme Injection (GTI)" wurde zur begehrten Topversion der Baureihe. Und zum Synonym für dezent verpackte Sportlichkeit, ein prolliger Auftritt war seine Sache nicht. Er hielt, was er versprach: Der Golf GTI stürmte in nur neun Sekunden von 0 auf 100 km/h, womit er schneller antrat als der damals ebenfalls neue Porsche 924! Er war schnell, sparsam und praktisch, womit er nicht nur seine eigene Klasse, die man später „Golf-Klasse" nennen sollte, definierte, sondern darüber hinaus Legendenstatus erlangte.

In dem Fahrwasser, etwas weniger spektakulär inszeniert, erhielt auch der Scirocco den 110-PS-Motor und erschien so in zwei Ausstattungsvarianten: der Scirocco GTI sprach den ambitionierten Sportfahrer an, der sich über bestens konturierte Sitze und ein Sportlenkrad freute; der GLI erhielt eine im Umfang gleichwertige Ausstattung, allerdings mit vorwiegend komfortorientiertem Anspruch, etwa mit serienmäßiger Colorverglasung.

In beiden Ausstattungsvarianten stellte der 110-PS-Motor aber das Nonplusultra beim Scirocco dar, der sich in seinem Leistungsgewicht kaum vom Golf unterschied und in Sachen Antritt, Beschleunigung und Durchzug eine echte Ansage war. Übrigens bei rückblickend durchaus moderaten Verbrauchswerten. Sicherlich knackte ein sportlich gefahrener GTI problemlos die 10-Liter-auf-hundert-Kilometer-Marke, ließ sich mit zurückhaltendem Gasfuß aber auch deutlich darunter bewegen.

Die Elastizität des Motors, mit dem sich Golf und Scirocco bequem und ruckfrei im Stadtverkehr bewegen ließen, aber auch wie vom Gummiband gezogen im vierten Gang bis zur Höchstgeschwindigkeit beschleunigten, wird bis heute gelobt. Der typisch sonore, aber niemals aufdringliche Auspuffsound gehörte zum „Jeti" wie die Schottenkaro-Sitzbezüge und der Golfball am oberen Ende des Schalthebels.

Volkssport-Kampagne: Schnell, schnell in den Wolfsburger Verein – die GTI waren aber auch wirklich flott.

Stark! Das war damals ein Modewort und stieß bei älteren Leuten stets auf Missfallen. Für VW-Verhältnisse war das also fast schon provokant.

W. Bergmeister KG
INTERSPEED

Motorsport – Das Cup-Auto

Erfolgsmodell für Markenpokal und mehr

Weil VW kein Basisfahrzeug liefern wollte, baute Solex/ Pierburg-Entwicklungsleiter „Oskar" Berg diesen Renner in eigener Verantwortung auf.

Die Idee, eine Rennserie aufzulegen, in der nicht unterschiedliche, sondern praktisch identische Fahrzeuge gleicher Motorisierung gegeneinander antreten sollten, um junge Sportfahrer-Talente erkennen und fördern zu können, kam weder aus der Automobilindustrie noch von den Motorsportverbänden. Eine Interessengemeinschaft aus den drei Zeitschriften *Sportfahrer*, *rallye racing* und *sport auto* hatten das Konzept für eine Veranstaltungsreihe entwickelt, für die sich junge Fahrer unter 30 Jahren – die im Besitz einer Lizenz sein mussten – bewerben konnten. Außer Konkurrenz sollten auch Journalisten, prominente Gastfahrer und Profis teilnehmen dürfen.

Volkswagen erkannte das Potenzial einer solchen Rennserie als Möglichkeit, das Image des Scirocco als Sportcoupé zu fördern. Zusätzliche Attraktivität ließ sich durch namhafte Sponsoren wie Castrol, Minolta und Fahrwerksspezialist Sachs erzeugen, die für die damalige Zeit recht hohe Preisgelder versprachen. Pro Lauf winkten dem Sieger 5000 Mark, der Gewinner des Abschlussrennens, das auf dem Hockenheimring ausgetragen werden sollte, erhielt gar das Doppelte.

Damit war klar: Es würde den Scirocco in einer Kleinserie von 50 Fahrzeugen als Rennversion ab Werk geben. Die Cup-Sciroccos waren ab Werk allesamt schwarz lackiert und mit Rundum-

Der Solex/Pierburg-Scirocco schaffte das Unmögliche und stellte im Tourenwagensport sogar die bis dato als unbesiegbar geltenden Schnitzer-BMW.

Bodykits (Spoilersatz und Kotflügelverbreiterungen), einem Sportfahrwerk mit Breitreifen, einem Überrollbügel und einer Verbundglas-Windschutzscheibe ausgerüstet. Im Inneren warteten Recaro-Sportschalen und ein griffiges Sportlenkrad auf die ambitionierten Piloten, die das fahrfertige Sportgerät – das voll straßenzulassungsfähig war – zum fair kalkulierten Preis von 15.500 Mark erwerben konnten. Angetrieben wurden die Cup-Fahrzeuge vom 1,6-Liter-Aggregat mit 110 PS aus der GTI-Variante.

Das Konzept kam derart gut an, dass Volkswagen die Anfragenflut kaum bewältigte. Es sollen sogar 200 interessierte Kunden je 5000 Mark Anzahlung überwiesen haben, ohne zu wissen, ob sie überhaupt die Chance hatten, einen zu ergattern. Mehr als die 50 geplanten Exemplare sollten aber auf keinen Fall gebaut werden, also entschied man sich, einen Ausscheidungswettbewerb auszurichten, der auf dem konzerneigenen Testgelände in Ehra-Lessien stattfand. Dort mussten die 200 Interessenten einen Slalomparcours durchfahren. 40 von ihnen bekamen danach den Zuschlag für ein Fahrzeug, fünf weitere Kandidaten waren zumindest „dicht dran".

1976 holte der Scirocco in der Trans-Am den Herstellertitel für Tourenwagen unter zwei Litern Hubraum. „Number 43" habe mehr Punkte gesammelt als alle anderen Wagen der Klasse zusammen. „Überrascht? Wir nicht."

tuning
BILSTEIN

Tuner Rolf Nothelle (oben) und sein Fahrer Bernd Lilier reparieren einen Kurbelwellendefekt. Das professionell aufgebaute Fahrzeug mit der Startnummer 282 ging beim Flugplatzrennen in Diepholz an den Start.

Schürzen, Flügel, dicke Backen: Darunter steckt tatsächlich ein Scirocco.

Parkplatz sperren, Kegel verteilen, fertig ist der Slalom-Parcours. Mit dem günstigen Scirocco ließ sich immer gut günstig Motorsport betreiben.

Die neue Rennserie wurde am 11. April 1976 auf dem Hockenreimring erstmals gestartet, weitere Läufe wurden auf dem Nürburgring und sogar auf Sylt ausgetragen. Legendär der Auftritt des prominenten Gastfahrers Udo Lindenberg, der nach einem Dreher orientierungslos ein Stück in die falsche Richtung weiterfuhr, um dann dem nahenden Feld in die Wiese auszuweichen.

Nicht erst das Finale am 26. September 1976 auf dem Hockenheimring bestätigte den Erfolg der neuen Serie, die stets gut besucht war und auch von Presse, Funk und Fernsehen hinreichend begleitet wurde. Und der Scirocco stand natürlich stets im Mittelpunkt und festigte so sein Image als Sportcoupé. Allerdings auch nur ein Jahr lang. Volkswagen setzte die Rennserie zwar fort, allerdings ab 1977 dann mit dem neuen Golf GTI als Wettbewerbsfahrzeug.

Grundsätzlich hatte sich der VW Junior Cup in mehrfacher Hinsicht bezahlt gemacht: Er war eine hervorragende Werbeplattform für das jeweilige Wettbewerbsfahrzeug und er war Talentschmiede! Genau, wie es von den Initiatoren anfangs geplant worden war. So hat etwa Manfred Winkelhock seine Motorsport-Karriere im VW Scirocco begonnen.

Auch abseits des Markenpokals etablierte sich das Wolfsburger Sportcoupé als Rennwagen. So baute die Firma Pierburg/Solex in der zweiten Hälfte der 70er den ersten nach ONS-Standards wettbewerbsfähigen Scirocco auf. Der Leiter der Abteilung Rennsport, Eckart „Oskar" Berg, erkannte das Potenzial des Scirocco vor allem in seinem geringen Homologationsgewicht von knapp 770 Kilogramm.

Man hatte den Anspruch, ein Fahrzeug aufzubauen, das ähnlich schnell unterwegs sein sollte wie der seinerzeit Klassenbeste, ein von Tuner Schnitzer ins Rennen geschickter BMW 1602 mit Vierventilmotor und gut 180 PS. Volkswagen selbst sah die Leistungsgrenze der GTI-Maschine allerdings bei etwa 115 PS und stellte Pierburg kein Fahrzeug zur Verfügung.

Brösels Comic „Werner" war eine Größe in den Achtzigern. Und wie sagt Meister Röhrich immer: „Männers, bei die Arbeit Helme tragen!"

Der Farbklecks in der winterlich trüben norddeutschen Tiefebene ist so schnell wieder weg, wie er kommt – der Scirocco ist in der Woche Alltagsauto, und am Wochenende geht's zum (Motor-) Sport.

Das war jedoch kein Hindernis für den umtriebigen Abteilungsleiter Berg: Er besorgte sich einen Unfallwagen und ließ ihn nach seinen Vorstellungen aufbauen. Mit 48er ADDH-Vergasern, größeren Ventilen und einer selbst bearbeiteten Nockenwelle ergaben erste Prüfstandversuche immerhin gut 148 PS, beim ersten ONS-Pokal-Start verfügte der Pierburg-Scirocco über 153 PS und erzielte trotz eines durch kalte Reifen verursachten Drehers den zweiten Platz! Damit war er zum ernsthaften Gegner geworden, der in den Folgejahren dank weiterer Detailverbesserungen und einer Renneinspritzung stabil rund 177 PS mobilisieren konnte.

Scirocco BiMotor/Scirocco Turbo: In den frühen 80ern experimentierte Vokswagen Motorsport übrigens mit einem Scirocco, dem man zwei Motoren (einen vorn, einen hinten) implantiert hatte. Unter der Projektbezeichnung 360/4 (360 PS, Vierradantrieb) gab es fahrfertige Prototypen, zu einer Serienfertigung kam es allerdings nie.

Ein ähnliches Schicksal ereilte den Scirocco Turbo, der aus einem eigens entwickelten 1,7-Liter-Motor satte 179 PS generierte. Der Prototyp galt allerdings aufgrund des brachial einsetzenden Turbos praktisch als unfahrbar und wurde als nicht serientauglich verworfen.

23
GTX2
SACHS

Gefahrenstelle Grundig-Haarnadelkurve: Während Rudi Walch (23) noch unbeschadet diese schwierige Passage meistert, hat Dietrich Hueck (31) weniger Glück und wird von seinem Verfolger beim Anbremsen getroffen. 1976 war der VW-Junior-Cup auch gleichzeitig der erste Volkswagen Markenpokal überhaupt. Gut 1200 Interessenten bewarben sich um die 50 VW Scirocco, die alle in Schwarz ausgeliefert wurden – und sogar im öffentlichen Straßenverkehr bewegt werden durften.

"Yes sir, 0-60 in 8·8 seconds does soun
but with Recaro seats and leather upholster
it could never be called uncomfortably fast."

FOR A COLOUR BROCHURE, CONT

Sondermodelle I –
Darf's ein bisschen mehr sein?

Exklusives von Schwarzweiß bis Sciwago

Volkswagen brachte bereits 1977 ein erstes Sondermodell des Scirocco. Die anfängliche Euphorie der Kundschaft über das sportliche Coupé hatte sich zwar in durchaus respektablen und stabilen Verkaufszahlen manifestiert, aber der erste Schwung hatte nachgelassen – zumal der Handel auf das bereits angekündigte Faceliftmodell wartete.

Mit dem auf nur 2000 Exemplare limitierten „schwarz-weißen Scirocco" boten die Niedersachsen eine exklusive Variante an. Sein schwarzes Vinyldach kontrastierte sehr vorteilhaft mit der weißen Karosserie, die um weiß lackierte Spoiler und Stahlfelgen ergänzt wurde. Das Farbkonzept wurde konsequent auf den Innenraum übertragen: Schwarz-weiß karierte Sitzbezüge, ein weißer Himmel und ein schwarzes Armaturenbrett waren dort zu finden.

Zwei weitere Sondermodelle betrafen dann schon die Faceliftvariante, wie sie ab Mitte 1978 angeboten wurde. Auch sie verkaufte sich sehr gut. So gut, dass die Marketingabteilung fürchte-

Zunächst nur für die USA geplant, kam der „besondere Scirocco" dann auch für die deutsche Kundschaft.

Tolle Idee mit witzigem Namen: Dem Sportkombi auf Scirocco-Basis namens Sciwago war trotzdem kein Erfolg vergönnt.

Shooting Break: Das Heck des Sciwago wirkte noch nicht einmal unharmonisch.

te, „die zunehmende Verbreitung des Scirocco im Straßenbild" könne seinen Aufmerksamkeitswert herabsetzen. Daher rollten im August 1980 zwei Exklusivversionen mit unterschiedlicher Ausrichtung vom Band. Der „CL" setzte mit den beiden verfügbaren Metallic-Lackierungen „Platingrau" und „Inarisilber" in Verbindung mit weißen Zierstreifen, die unter der C-Säule in die Buchstaben „CL" mündeten, auf Komfort und Eleganz.

Die in schwarz und dunkelgrün verfügbare Innenausstattung griff das Zierstreifendesign auf, die Radioanlage „Emden" mit den Wellenbereichen UKW und MW, jedoch ohne Cassettenteil, lieferte Blaupunkt zu (dort verkaufte man das identische Gerät unter der Bezeichnung „Mannheim"), ein Vierspeichen-Sportlenkrad (das berühmte mit den vier runden Hupknöpfen) und „Breitreifen" im Format 175/70 R 13 ergänzten den durchaus geschmackvollen Auftritt des „CL".

Das Sondermodell „SL" trat da – im optischen Sinn – schon lauter auf: Es war in alpinweiß und diamantsilber erhältlich, wobei optisch kontrastierende Zierfolien in rot und schwarz die Flan-

Der „schwarz-weiße" Scirocco trug ein aufgeklebtes Vinyldach.

Schmale Kost? Von wegen: 175er galten mal als Breitreifen, und auch sonst war der CL ziemlich gut ausgestattet.

Auch gut aufgetischt: Der gleichzeitig angebotene SL gab den Sportler.

ken zierten und mattschwarz gehaltene Fensterrahmen (auf den umlaufenden Chromkeder des „CL" hatte man verzichtet) zusätzlich die Sportlichkeit des Modells betonten. Auch hier übernahm die Innenausstattung wesentliche Akzente des optischen Zierrats und präsentierte sich in tiefschwarz mit leuchtendroten Kontrasten.

Beide Sondermodelle waren im Vergleich zur Serie äußerst preisaggressiv kalkuliert worden und verkauften sich so gut, dass Volkswagen auf die eigentlich typischen großformatigen Werbekampagnen in Fach- und Publikumszeitschriften komplett verzichtete.

Kein offizielles Sondermodell, in jedem Fall aber ein erwähnenswerter Sonderling, ist der „Sciwago" – gleichsam der Versuch, das Coupé in einen sportlichen Kleinkombi zu verwandeln. Ersonnen wurde der „Scirocco Wagon" vom Geschäftsführer des Hannoveraner VW-Autohauses Nordstadt, Günther Artz, der seit den 70ern mit teils spektakulär getunten Umbauten auf Audi- und VW-Basis aufgefallen war.

Die Verwandlung eines handelsüblichen VW Scirocco in einen Shooting Break war enorm aufwändig. Ab der B-Säule musste die Karosserie praktisch von Hand modelliert werden, die Verarbeitungsqualität galt als recht abenteuerlich. Insgesamt sollen ab 1978 – die Sciwago basierten alle auf dem Faceliftmodell des Scirocco I – 52 Exemplare entstanden sein, wovon wohl noch etwa sieben existieren.

Günther Artz baute zudem auch eine Pickup-Version des Scirocco I. Über den Verbleib dieses Einzelstücks ist nichts bekannt.

Nicht unerwähnt bleiben sollen „der besondere Scirocco" und der ausschließlich für den britischen Markt gebaute und somit hierzulande nie erhältliche „Storm". Der „besondere Scirocco" (das Sondermodell hieß wirklich so) war ursprünglich nicht für den deutschen, sondern

Das Prospekt zeigt die Varianten des „Storm".

exklusiv für den US-Markt vorgesehen. Basierend auf der „GL"-Ausstattung des Faceliftmodells ab 1978 punktete der in schwarz, weiß und diamantsilber erhältliche Wagen mit dezent sportlichen Attributen, die man optisch ganz zeitgemäß mit schwarzen Akzenten (Antenne, Schweller, Regenrinne, Fensterzierleisten, Türgriffe) und Verzicht auf jeglichen Chromzierrat hervorhob.

Seine höhenverstellbaren Sportsitze waren mit Stoff in schwarz-rotem Großkaro bezogen, der sich am schon damals legendären GTI-Bezugstoff orientierte. Selbstverständlich gehörte auch das griffige Dreispeichen-„Spucknapf"-Lenkrad zum sportlichen Auftritt sowie eine überwiegend schwarz gehaltene Inneneinrichtung (inklusive der Armaturenbrettoberfläche, die ansonsten silberfarben schimmerte).

Ein von innen einstellbarer Beifahreraußenspiegel, ein großer Bugspoiler in Wagenfarbe, Leichtmetallräder, Heckwischer, ein Cassettenradio, eine weißrote umlaufende Dekorfolie außen sowie Typenembleme in feurigem Rot machten diesen Scirocco in der Tat zu etwas Besonderem. Verfügbar war er mit zwei Motoren zu 70 und 85 PS.

Der Scirocco „Storm" ist in der deutschen Fanszene fast so etwas wie ein Phantom. Jeder kennt ihn, „live und in Farbe" gesehen hat ihn jedoch kaum jemand. Dabei hätte sich der „Storm" mit seiner ungewöhnlich umfangreichen Ausstattung, zu der ein komplett mit Echtleder ausgeschlagener Innenraum mit Sportsitzen gehörte, auch hierzulande gut verkaufen lassen.

Antriebsseitig war er mit dem 110 PS starken Aggregat aus GTI/GLI nicht von schlechten Eltern, sportliche Attribute wie spezielle Leichtmetallräder und der wuchtige Zender-Frontspoiler setzten ihn zusätzlich von seinen Serienbrüdern ab. Interessant: Den „Storm" gab es innerhalb der ersten Serie zweimal: Zunächst 1979 in den Lackierungen silbergrün- und schwarzmetallic, aufgrund der großen Nachfrage dann ab 1980 noch einmal, dann allerdings in hellblau- und braunmetallic und mit Vielspeichenfelgen, die es in ähnlicher Form auch für den Passat B2 gab. Ergänzt wurde das Sondermodell durch Bronzeglas rundum.

In den USA gab es 1977 noch ein Sondermodell namens „Champagne Edition", das Volkswagen anlässlich des einmillionsten Golf auflegen ließ. Auch dieses Modell gab es nie in Europa.

Facelift – Behutsame Evolution

Mattes Schwarz und mehr Markanz

Etwa zur Hälfte des geplanten Lebenszyklus der ersten Generation nahm Volkswagen für das Modelljahr 1978 ein relativ umfassendes Facelift vor. Die Verkaufszahlen waren zwar stabil, man wollte das Coupé allerdings dem Zeitgeist anpassen und optisch markanter und maskuliner gestalten.

Ende der 70er reduzierten alle Autohersteller langsam aber sicher den Einsatz von Chromzierrat. Vor allem, wenn ein gewisser Sportsgeist gezeigt werden sollte, kommunizierten sie dies über schwarze Farbakzente. Folglich erhielt der „Scirocco '78" wuchtigere Stoßfänger aus schwarzem Kunststoff, die vorn und hinten jeweils um die Karosserieecken herumgezogen waren.

Eine weitere Aufnahme aus dem Karmann-Archiv zeigt ein Facelift-Modell, das eine Karmann-Plakette auf dem vorderen Kotflügel trägt. Diese gab es in der Serie nicht.

Diesem Verlauf folgten auch die neuen vorderen Blinkleuchten; sie reichten seitlich bis in die Kotflügel hinein, was nicht nur die Frontoptik veränderte, sondern auch den Leuchtwinkel der Blinker deutlich vergrößerte, also auch einen Sicherheitsvorteil mit sich brachte. Fast alle Ausstattungsvarianten erhielten die sportlicher wirkenden, doppelten Rundscheinwerfer, die den Scirocco geduckter und angriffslustiger erscheinen ließen.

Beach Buggy: Der Scirocco kann alles, auch schöne junge Menschen bis an den Strand bringen.

Schwarze Akzente auch in der Seitenansicht: Die B-Säulen wurden mit mattschwarzen Abdeckungen versehen, was sie optisch versteckte und dem Coupé so eine noch gestrecktere und dynamischer wirkende Seitenlinie verlieh.

Zudem gab es Verbesserungen am Fahrwerk durch verstärkte Federbeinaufnahmen und eine präzisere Lenkung. Auch eine neue Motorlagerung wurde verbaut, die das Aggregat beim Lastwechsel besser abdämpfte. Die Motoren

Stell Dir vor, da steht ein GT und nur einer sieht hin – 85 PS mit guter alter Friedensbotschaft in ländlicher Kulisse.

So ein Scirocco war ein Familienmitglied, Frieder Perschken diente es als Hochzeitskutsche.

waren in drei Leistungsstufen (50, 70, 110 PS) verfügbar, später kamen noch ein 60- und ein 85 PS-Aggregat hinzu.

Bis zum Auslaufen der Produktion wurden immer wieder Details verändert, ohne dass VW daraus ein weiteres großes Facelift gemacht hätte. Im Februar 1981 endete die Produktion des VW Scirocco I nach 504.153 Exemplaren. Er war damit das meistgebaute Fahrzeug, das Volkswagen bei Karmann in Osnabrück fertigen ließ.

Auch das ging: Frieder Perschken nutzte seinen Rocco auch als Reisemobil. Übrigens existiert das Auto noch, inzwischen mit wohlverdientem „H" im Kennzeichen.

Zeitgeschichte: Das war 1978

- Ölpest: Der Öltanker Amoco Cadiz sinkt vor der bretonischen Küste und verliert 223.000 Tonnen Rohöl.
- Massen-Suizid: „Peoples-Temple"-Gründer Jim Jones und mehr als 900 seiner Anhänger, darunter über 270 Kinder, nehmen sich in Guyana durch die Einnahme von Zyankali das Leben.
- Schneekatastrophe: Starke Schneefälle legen Norddeutschland praktisch lahm.
- Mit dem *Lied der Schlümpfe* steht Vader Abraham vier Wochen lang auf Platz 1 der Single-Charts.
- *Buenos Dias Argentina* heißt das Album, das Udo Jürgens mit der Fußball-Nationalmannschaft einspielt und das einen Monat lang die Charts anführt.
- Die Volkswagen AG eröffnet im April als erster ausländischer Auto-Hersteller in den USA ein Werk, in dem der Rabbit (Golf) montiert wird.
- Papst Paul VI. stirbt im August, sein Nachfolger Johannes Paul I. nach nur 33 Tagen im Amt ebenfalls. Der Pole Karol Wojtyla, Erzbischof von Krakau, geht als Johannes Paul II. in die Geschichte ein.
- DDR-Kosmonaut Sigmund Jähn ist der erste Deutsche im Weltall.
- Der italienische Spitzenpolitiker Aldo Moro wird von den „Roten Brigaden" entführt und ermordet.
- Ein Liter Superbenzin kostet 0,92 DM.
- Die Mehrwertsteuer liegt bei 12 Prozent.
- Douglas Adams' „Per Anhalter durch die Galaxis" wird erstmals auf BBC Radio 4 ausgestrahlt.
- Der erste Garfield-Comicstrip wird veröffentlicht.
- Mario Andretti wird Formel-1-Weltmeister.

Alpenpanorama wie im Heimatfilm, vielleicht hätte dem „Bergdoktor“ auch ein Scirocco gut zu Gesicht gestanden. Aber der fährt ja Mercedes W 123.

ATS Cup, Koni-Sticker und Sonnendach machen den Rocco gleich noch etwas schneller. An den schwarz folierten B-Säulen und den bis in die Kotflügel reichenden vorderen Blinkleuchten erkennt der Kenner das Facelift fürs Modelljahr 1978.

Wuppertal 1988: Jörg Lamers und sein 81er-Faceliftmodell harmonieren perfekt miteinander.

Zum Facelift gehörten 1978 auch die weiter ausladenden Kunststoff-Stoßstangen.

Ton in Ton: Die Besitzer der beiden Scirocco in mutmaßlich Malagarot gehören zu einer Familie.

Teutonentraum: Mit dem Scirocco auf den Campingplatz ins Sehnsuchtsland Italien – die beiden hier haben sich das 1984 gegönnt.

Sport auf Sport: Das schnelle Coupé bringt die Rennräder ans Ziel.

Sonnenhütchen auf, Cassettenfächer voll, Christophorus-Plakette gewienert – und dann ging es ab in den Süden.

Am Schottenkaro unschwer zu erkennen: Der Schweizer Marcel Kaufmann leistete sich einen flotten GTI, den er mit Nebellampen, zeitgenössischen Alus und einer Dachantenne verfeinerte.

Heute extrem gesucht: Die „Salzstreuer"-Alufelgen standen dem Scirocco gut.

Sportprogramm: Kompletter Spoiler-und Schwellersatz, Hutzen auf die Haube, Gurte hinten angeschlagen und Cup-Felgen montiert – so ging das in den frühen Achtzigern …

Einmal mit alles: Ein Mensch mit den Initialen MS hat einst in West-Berlin an nichts gespart. Trotz aller Mühen mit reichlich Plastik haben es die Rocco-Treiber nie zum gleichen Witze-Ruhm wie die Mantafahrer gebracht. Vermutlich, weil es da keinen Film gab.

… und das Sonnendach – oft genug auf Supermarkt-Parkplätzen ambulant in die Dachhaut gesäbelt – gehörte irgendwie auch einfach dazu.

Ab Modelljahr ´78 gab es die Doppelscheinwerfer für alle Ausstattungsvarianten und Motorisierungen. Der Einarmwischer sollte in der Tuningszene einen Boom auslösen.

Das Werksfoto von Karmann zeigt zwei Ausstattungsvarianten des modellgepflegten Scirocco.

Das Fotoalbum eines OLDTIMER-MARKT-Lesers zeigt die Evolutionsstufen seines Scirocco über mehrere Jahre.

WOB AZ 208
WOB AZ 794

Zweite Auflage – Runder und geräumiger

Der Scirocco II tritt in große Fußstapfen

Die zweite Generation zeigte eine deutlich weichere Formensprache, die Hausdesigner Herbert Schäfer entworfen hatte. Die Vorschläge Giugiaros fanden keinen Anklang.

Der Scirocco I war genau das richtige Auto zur rechten Zeit gewesen, was einen Teil seines Erfolges erklärt. Mit dazu beigetragen hat – und nicht zu knapp – sein italienisch-graziles, von Giorgio Giugiaro verantwortetes Design. Der Ur-Rocco wirkte schon im Stand sportlich, nahezu rassig und schnell. Diese markante Leichtigkeit in der Linienführung ging dem Scirocco II ab, was vielen Fans des Urmodells missfiel. So wuchs die zum Modelljahr 1981 eingeführte zweite Generation in allen Dimensionen, was in erster Linie dem Laderaumvolumen und den Fondinsassen zu Gute kam. Der Radstand von 2400 Millimetern wurde beibehalten. Kein Wunder, auch der Neue basierte nach wie vor auf der Bodengruppe des Golf 1.

Die scharfen und einprägsamen Karosserielinien des Ur-Rocco wurden für die zweite Generation konsequent abgerundet, weshalb sein Styling von vielen als „feminin" empfunden wurde. Für das Design zeichnete auch nicht mehr Giugiaros Firma Italdesign, verantwortlich. Der Entwurf stammte aus eigenem Haus, von Chefstilist Herbert Schäfer persönlich. Der 1932 in Schlesien geborene gelernte Wagner und Kutschenbauer war in den 50ern als Leiter Konstruktion zur Auto Union gekommen.

Nach einer Zwischenstation bei Mercedes-Benz heuerte er 1961 bei Volkswagen an und übernahm Anfang der 70er die Designabteilung. Obwohl Schäfers Entwürfe von Spöttern als mindestens so langweilig wie eine niedersächsische Reihenhaussiedlung tituliert werden, fielen sie doch in eine Zeit des größten Umbruchs im Volkswagen-Konzern: der Hinwendung zu Wasserkühlung und Frontantrieb.

Die Silhouette des Scirocco II hat auch heute noch etwas Elegant-leichtes. Eigentlich ist es unverständlich, weshalb das Coupé bei der Kundschaft nicht so richtig ankam.

Polo, Golf und Passat in ihren verschiedenen Evolutionsstufen bis 1993 wurden maßgeblich von Herbert Schäfer geprägt. In dessen Philosophie der pragmatischen Zeitlosigkeit fügte sich auch der Scirocco II nahtlos ein, was ihm vielleicht erst heute, 25 Jahre nach Produktionsende, zur Ehre gereicht: So „alt" wie er eigentlich ist, sieht er nicht aus. Dass Polo, Golf und Passat nicht trotz, sondern gar just wegen ihres leicht bieder anmutenden Designs zu Bestsellern wurden, darf man wohl annehmen.

„Aufregend vernünftig"

Der Slogan einer neuen Zeit. Ging es beim Marketing für den Vorgänger noch vorrangig um dessen sportliches Talent, musste der im März 1981 vorgestellte Scirocco II noch mehr mit Wirtschaftlichkeit und Effizienz punkten – nach dem Motto: „Genuss ohne Reue". So stand das neue Coupé auf einer um etwa 120 Millimeter verlängerten Bodengruppe des Golf 1 – Radstand, Fahrzeugbreite und Spurweite blieben unverändert – bot aber bei 20 Zentimetern mehr Außenlänge größeren Innen- und Kofferraum, sowie einen deutlich verbesserten c_w-Wert, der für günstigere Verbrauchswerte sorgte.

Um die Bewegungsfreiheit der Insassen komfortabler zu vergrößern, setzte Volkswagen auf einen Trick, der später auch in allen anderen Modellreihen (Golf II, Passat 32B) zum Einsatz kam: Die Seitenverkleidungen wurden mit deutlichen Einbuchtungen versehen, was die „Ellenbogenbreite" vergrößerte. Zudem bot der neu gestaltete Dachverlauf mehr Kopffreiheit.

Der Scirocco II entstand wie sein Vorgänger in Lohnfertigung bei Karmann in Osnabrück, was man gut gepflegten Exemplaren auch heute noch anmerkt: Die Montagequalität der Westfalen war hervorragend, Türen und Hauben fielen satt ins Schloss, die Passungen saßen exakt – der Scirocco II war ein sehr solides Fahrzeug.

Die Entwicklung hatte bereits 1977 – also zu einer Zeit, in der sich das Ur-Modell bestens verkaufte und auch noch keinem Facelift unterzogen worden war – begonnen. Für die Zweitauflage des Coupés wurde der Entwicklungsauftrag EA 491 vergeben. Aus den Anlaufschwierigkeiten bei der Produktion des Scirocco I hatte man gelernt und integrierte von Beginn an Mitarbeiter der Firma Karmann ins Planungsteam.

Sicherlich vom Zeitgeist getragen, vertrat man die Ansicht, dass sich „sportliche Fahrzeuge aller Art steigender Beliebtheit erfreuen" und wollte daher auch die Neuauflage des Scirocco mit „konsequenter Sportlichkeit, hoher Funktionsqualität, Kompaktheit und Wendigkeit" versehen. Nur eben etwas größer.

Die nunmehr deutlich voluminösere Armaturentafel blieb ergonomisch einwandfrei.

Größere Einstiege gewährten besseren Zugang zur Rückbank. Vor allem im Fond herrschte mehr Platz. Die straffen Sportsitze gab es natürlich nicht für jedes Modell.

Außenlackierungen.

lagosgelb B7B7 –

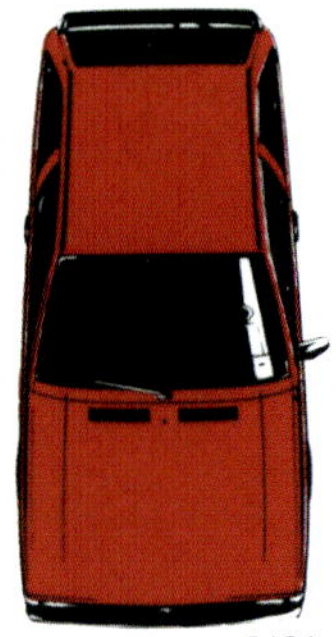

marsrot G6G6 –

baikalblau K2K2 –

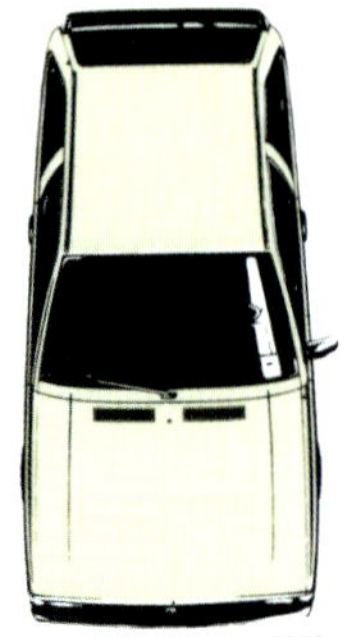

alpinweiß P1P1 –

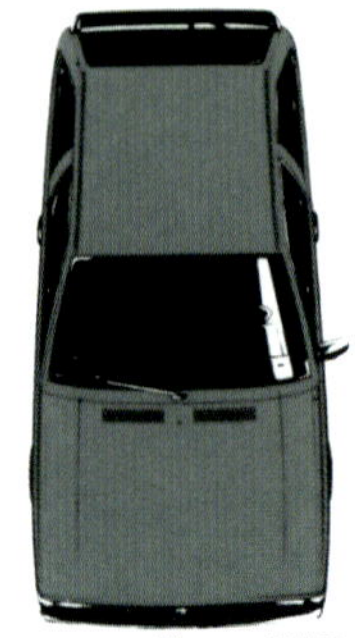

cosmos metallic U8U8 –

brasilbraun metallic W8W8 –

indianarot metallic W9W9 –

cirrus metallic Y7Y7 –

diamantsilber metallic Z4Z4 –

zederngrün metallic Z5Z5 –

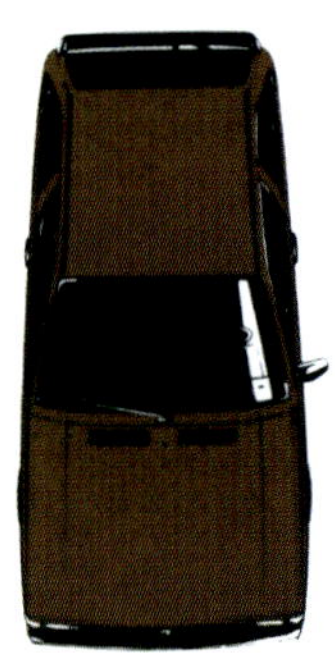

sand metallic Z8Z8 –

Mögliche Farbkombinationen

Stoff-Sitzbezüge	Armaturentafeln	Außenlackierungen (Scirocco)	B7B7 lagosgelb	G6G6 marsrot*)	K2K2 baikalblau	P1P1 alpinweiß	U8U8 cosmos metallic*)	W8W8 brasilbraun metallic*)	W9W9 indianarot metallic*)	Y7Y7 cirrus metallic*)	Z4Z4 diamantsilber metallic*)	Z5Z5 zederngrün metallic*)	Z8Z8 sand metallic*)
Karogewirke		**Scirocco L**											
schwarz	schwarz	– – DT	■	■		■	■	■	■	■	■	■	■
gazelle	schwarz	– – DU		■	■	■		■	■			■	■
royalblau	schwarz	– – DV	■		■	■	■				■		
kaminrot	schwarz	– – DW				■	■		■	■	■		
Domino		**Scirocco GL**											
schwarz	schwarz	– – JN	■	■		■	■	■	■	■	■	■	■
gazelle	gazelle dunkel	– – JP		■	■	■		■	■			■	■
royalblau	royalblau dunkel	– – JQ	■		■	■	■				■		
kaminrot	kaminrot dunkel	– – JS				■	■		■	■	■		
kolibrigrün	kolibrigrün dunkel	– – JT				■					■		
Mittelstreifen		**Scirocco GT**											
schwarz	schwarz	– – KG	■	■		■	■	■	■	■	■	■	■
gazelle	gazelle dunkel	– – KH		■	■	■		■	■			■	■
royalblau	royalblau dunkel	– – KK	■		■	■	■				■		
kaminrot	kaminrot dunkel	– – KJ				■	■		■	■	■		
Kunstleder-Sitzbezüge*)	**Armaturentafeln**												
Rindsledernarbe F		**Scirocco L**											
schwarz	schwarz	– – NA	■	■		■	■	■	■	■	■	■	■
gazelle	schwarz	– – NB		■	■	■		■	■			■	■
royalblau	schwarz	– – NC	■		■	■	■				■		
kaminrot	schwarz	– – ND				■	■		■	■	■		
Rindsledernarbe F		**Scirocco GL**											
schwarz	schwarz	– – SH	■	■		■	■	■	■	■	■	■	■
gazelle	gazelle dunkel	– – SJ		■	■	■		■	■			■	■
royalblau	royalblau dunkel	– – SG	■		■	■	■				■		
kaminrot	kaminrot dunkel	– – SK				■	■		■	■	■		
kolibrigrün	kolibrigrün dunkel	– – SL				■					■		

*) Sonder- und Metallic-Lackierungen, Kunstleder-Sitzbezüge: gegen Aufpreis.

Beim Scirocco II wurde die Farbpalette dezenter.

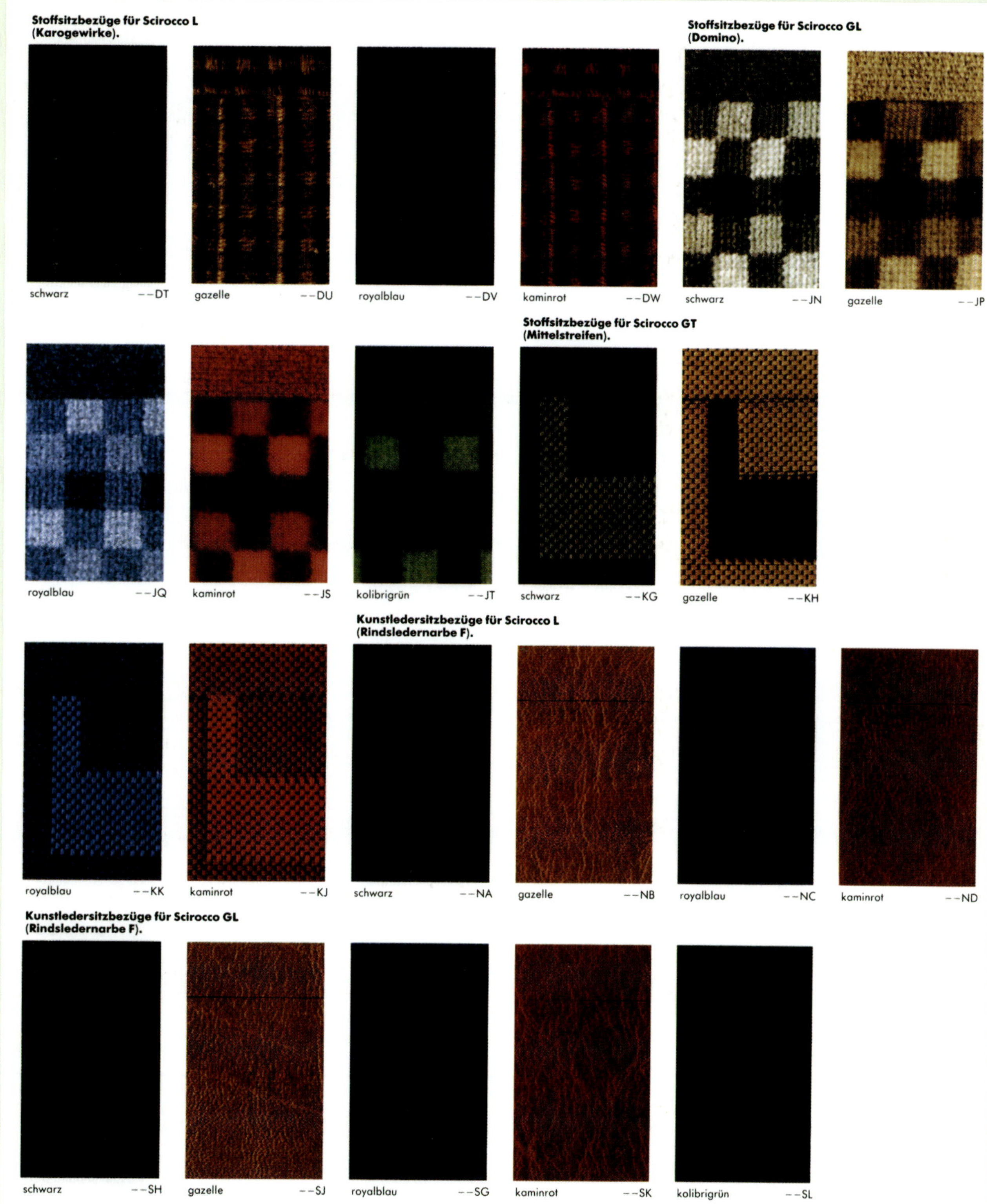

Auch im Innenraum setzte man fortan auf gedecktere Polsterfarben.

Projekt TR: Das T-Roof mit herausnehmbaren Dachhälften aus Glas blieb eine Studie.

Die bewährten Motoren sollten, zumindest zunächst, über das gesamte Leistungsspektrum beibehalten werden. Auch die Ausstattungsvarianten (N, L, GT, GL) sollten sich an denen des Einser-Scirocco orientieren, wobei man anfangs ergänzend sogar über eine exklusive „Targa“-Version mit herausnehmbarem Dachteil nachdachte, diese aber schnell wieder verwarf.

Um die vorrangigen Zielmärkte Deutschland, Europa und USA beliefern zu können, kalkulierte man mit einer Jahresproduktion von 80.000 Fahrzeugen, die sich zu jeweils einem Drittel auf die Märkte aufteilen sollten. Hätte man, wozu es jedoch nie kam, unvorhergesehene Auftragsspitzen abfangen müssen, sollten diese ins Hauptwerk nach Wolfsburg gezogen werden. Die Produktionskosten für den neuen Scirocco sollten gegenüber seinem Vorgänger um höchstens 150 Mark pro Fahrzeug steigen. Eine (zu) optimistische Einschätzung, wie sich bald zeigen sollte.

Die Abkehr vom markanten Giugiaro-Design des Urmodells lag auch in den Anforderungen der Marketingabteilung begründet, die die Linienführung des Scirocco als „zu hart“ empfand und optisch nicht nur einen sportlichen, sondern zudem einen komfortabel-eleganten Ansatz transportiert wissen wollte. Das Risiko, dass sich der Scirocco II mit seinem dann „weicheren“ Outfit zu sehr seinen direkten Konkurrenten Opel Manta, Ford Capri oder auch dem damals schon eher exotischen Renault Fuego, annäherte, ging man bewusst ein.

Im Laufe der weiteren Entwicklung stellte sich jedoch heraus, dass der kalkulierte Kostenrahmen nicht gehalten werden konnte. Die zusätzlichen Produktionskosten im Vergleich zur ersten Baureihe stiegen schon bald und nach zahlreichen Detailänderungen auf 250 Mark pro Auto. So wurde die Modellpolitik geändert: Die reichlich nackte Basisversion „N“ wurde nicht weiter verfolgt, stattdessen die besser ausgestatte „L“-Variante als neue Einstiegsversion mit 13.660 Mark eingepreist. Die Produktplaner steigerten die Absatzerwartung über den gesamten Lebenszyklus des Scirocco II auf 515.000 Exemplare. Das Ziel sollten sie allerdings verfehlen.

Ende 1978/Anfang 1979 stiegen die Produktionskosten abermals empfindlich! Nach interner Vorstellung des ersten Prototypen beschloss man kurzerhand gravierende Änderungen optischer und technischer Art, die unter anderem das Heckfenster und die Stoßfänger betrafen. Zudem wurden den Ausstattungsumfänge erweitert. Der Einbau eines verbesserten Federbeintopfes erforderte eine teilweise Neukonstruktion des Vorderwagens – Kostensteigerung gegenüber der laufenden Serienfertigung: 552,49 Mark. Pro Fahrzeug.

Damit war im Grunde der ursprüngliche Anforderungskatalog gesprengt. Die Änderungen

Ausstattungsvariante GTL 1984

Ausstattungsvariante GT 1984

Ausstattungsvariante GTX 1984

Göttingen 1989, leicht bewölkt, die Frisuren halten – und die VAG lässt den Scirocco vor dem Gasthaus „Zum wilden Mann" auffahren.

Gespannsachen: Der Wohnwagenhersteller Wilk setzte den Rocco als Zugmaschine in Szene.

führten wiederum zu einer empfindlichen Verzögerung des Zeitplanes, da der Werkzeugbau bei Karmann in Osnabrück die Änderungen nicht so schnell umsetzen konnte. Ursprünglich wollte Volkswagen den neuen Scirocco bereits im Herbst 1980 vorstellen. Dieser Termin war nicht mehr zu halten. Gegen die Empfehlung des Vertriebs peilte man nun den Januar 1981 an.

Unter dem Vorbehalt, dass die Kostensteigerungen noch vor Serienanlauf kompensiert werden würden (was nicht gelang), startete in Osnabrück die Fertigung der so genannten „Produktionsversuchsserie" mit zunächst 13 Fahrzeugen, mit denen die zuständigen Produktplaner jedoch alles andere als zufrieden waren. Aufgrund fehlender Teile waren sie allesamt nicht komplett.

Und die Schwierigkeiten setzten sich fort. Selbst in der Nullserie, die zwischen Juli und Oktober 1980 vom Band lief, waren fast zwei Drittel aller Bauteile noch nicht endgültig freigegeben, zudem traten unerwartete Probleme im Fertigungsablauf auf, die die Kostensteigerungen pro Fahrzeug gegenüber dem Scirocco I auf deutlich über 600 Mark ansteigen ließen, womit die angepeilte Rendite des neuen Coupés deutlich unter den Sollwert von 10 Prozent sank.

Für die zweite Generation verwendete VW wieder den bewährten Slogan „Aufregend vernünftig".

Steiler Vergleich: Aus Radstand und Motorleistung konstruieren die Werber Verwandtschaft mit den legendären Bugatti-Vorkriegs-Rennwagen. Dass die Marke tatsächlich einmal zum VW-Konzern gehören würde, ahnte noch niemand.

Stefan Langer nutzte seinen frühen GTS (wo sind die typischen Dekorstreifen?) viele Jahre als Alltagsauto, was er heute bedauert. Die Avus-Leichtmetallräder stammen vom Sondermodell „Tropic", wie man an der Lackierung in Madisontürkis erkennt.

Freude am Fahren: Die Hagener Scirocco-Besatzung ist gutgelaunt unterwegs.

Es schien nun fraglich, ob sich die Produktion überhaupt noch einigermaßen rechnen würde. Doch es gab kein Zurück mehr: Am 12. Januar 1981 startete die Serienfertigung des Scirocco II mit einem mageren Tagespensum von nur vier Fahrzeugen – um am 14. Januar auch gleich wieder gestoppt zu werden! Was war geschehen? In der laufenden Produktion war es zu Schwierigkeiten mit Motorhauben und Heckdeckeln gekommen, die nicht richtig passten. Auch einige unregelmäßige Spaltmaße trübten das Bild.

Noch immer verlangsamten zudem fehlende oder noch nicht freigegebene Bauteile den Produktionsablauf, der sich erst im April normalisieren sollte. Kurz vor der geplanten Markteinführung am 24. April hatten 2500 Fahrzeuge den „Zählpunkt 8 (Fahrzeug ist fertig zur Auslieferung an den Endkunden)" passiert. Die Auslieferung an die Händler konnte beginnen.

Gleichzeitig versuchte die Marketingabteilung, den Scirocco II leicht abweichend von seinem als „kompromisslos sportlich" beworbenen Vorgänger, eher als luxuriös-komfortables Sportcoupé zu platzieren. Auch die Werbesprache griff das auf und betonte neben der grundsätzlich noch immer sportlichen Ausrichtung stets auch die Aspekte der Wirtschaftlichkeit und der Vernunft.

Doch abermals ging etwas schief: Jene Exemplare, die für die Präsentation vor internationalen Medienvertretern an der Cote d'Azur vorgesehen waren, wurden nicht rechtzeitig fertig, so dass die internationale Presse den Scirocco erst nach der offiziellen Präsentation auf dem Genfer Automobilsalon '81 erstmals in Augenschein nehmen konnte. Diese Reihenfolge war unüblich – ist es übrigens bis heute –, war aber den Anlaufschwierigkeiten in der Produktion geschuldet.

Alus, Spoiler, Schweller – was beim ersten Scirocco beliebt war, blieb es praktisch eins-zu-eins beim Nachfolger.

Ulli Krüger sandte dieses Foto seines Fahrzeugs ein. Leider existiert der Wagen nicht mehr.

Die versammelten Motorjournalisten begrüßten den Scirocco überwiegend positiv. Vor allem der vergrößerte Innenraum, die erhöhte Ladekapazität, das windschnittigere Styling und die damit einhergehende Wirtschaftlichkeit wurden fast einhellig gelobt. Auch die sehr gute Verarbeitung fand Anklang.

Einziges Manko: Der neue Scirocco war teuer. Die Zeitschrift *auto, motor und sport* kam 1981 zu dem Schluss, dass das Testfahrzeug „mit 22.545 D-Mark zu den teuersten Sportcoupés seiner Klasse, aber auch eindeutig zu den besten" zähle. Ein späterer Vergleichstest, in dem der Scirocco II mit der 110 PS starken GTI-Motorisierung sogar gegen den Porsche 924 gewinnen konnte, untermauerte den guten Eindruck, den der flache VW gleich ab Marktstart hinterließ.

Geholfen hat ihm das freilich nicht, was Volkswagen natürlich bald erkannte. Der in den 70ern so starke Coupé-Markt schwächelte Anfang der 80er bereits deutlich. Die Nachfrage nach sportlichen Zweitürern im Allgemeinen und nach dem vergleichsweise teuren Scirocco im Speziellen blieb hinter den Erwartungen zurück. Bereits die Verkäufe im ersten Jahr hingen mit 51.938 Fahrzeugen weltweit etwa um ein Viertel hinter den Absatzplänen zurück.

Bereits 1982 wurde die Produktion bei Karmann gedrosselt, selbst Kurzarbeit schien nicht ausgeschlossen. Dazu kam es zwar nicht, die Absatzzahlen änderten sich aber auch nicht ins Positive. Im Gegenteil. 1982 ließen sich nur 48.000 Scirocco der zweiten Generation an die Kundschaft bringen.

Das war nun wirklich empfindlich zu wenig, weshalb Volkswagen Marktforscher damit beauftragte, die Gründe für die schwachen Verkäufe herauszufinden. Das Ergebnis: Zum einen gab es mit dem gleichzeitig lancierten Coupé auf Audi-80-Basis einen hausinternen Konkurrenten, darüber hinaus fand eine Mehrzahl der avisierten Kunden den Scirocco schlicht zu teuer.

Als dritten Grund – und der schmerzte womöglich am meisten – hatte die Marktforschung ergeben, dass die Kunden das rundliche Design des VW-Coupés einfach nicht mochten. Der markante Vorgänger hatte sie mehr angesprochen. Gerade jüngere Käufer unter 30 wendeten sich nun verstärkt dem aufkommenden Angebot des japanischen Wettbewerbs zu, das preislich attraktiver war und teils mit deutlich besseren Ausstattungspaketen punkten konnte.

So machte denn auch das Urteil der beauftragten Institute wenig Hoffnung, sie sahen im Scirocco II nicht das Potenzial seines erfolgreichen Vorgängers. Und sie sollten Recht behalten: Als am 7. September 1992 der letzte Scirocco II vom Band rollte, waren 291.497 Exemplare der zweiten Generation gebaut worden. Damit hatte diese ihr ursprünglich angepeiltes Ziel weit verfehlt.

Rechte Seite: „Mindestens 100 PS": In den frühen Achtzigern ist das eine echte Ansage, zumal auch die zweite Generation des Scirocco noch keine Tonne wiegt.

Zeitgeschichte: Das war 1981

- Ronald Reagan wird 40. Präsident der USA.
- In Polen wird die freie Gewerkschaft Solidarnosc (Solidarität) gegründet und sogleich verboten. Es kommt zu Unruhen im Land.
- Aus den USA kommen erste Berichte über eine neuartige Immunschwächekrankheit: AIDS.
- In Großbritannien heiratet Diana Spencer den Kronprinzen Charles und wird als Lady Di legendär.
- Ein Liter Superbenzin kostet 1,43 DM.
- Ein durchschnittlicher Monatslohn beträgt 1744 DM.
- MTV geht auf Sendung. Erster Beitrag ist *Video Killed the Radio Star* von The Buggles.
- Die Raumfähre Columbia startet als erstes Space Shuttle.
- Rekorddemo: Im Bonner Hofgarten demonstrieren 300.000 Menschen für den Frieden.
- In Stuttgart rollt der letzte Mercedes 600 vom Band ins Museum.
- Das Auto- und Technikmuseum in Sinsheim wird eröffnet.
- Neuer Tonträger: In der Funkausstellung 1981 in Berlin wird die CD vorgestellt.
- In der Dortmunder Westfalenhalle läuft die Premiere von Pink Floyds *The Wall*.
- In der ARD läuft erstmals *Dallas*.

Abb.: Scirocco GLI mit Metallic-Lackierung, Leichtmetall-Räder und 2. Außenspiegel als Mehrausstattung.

Schön in Schale, stark im Anzug.

Abends. Sie kommen aus dem Kino, und plötzlich steht er vor Ihnen. Sportlich, elegant, ein Sport-Coupé, das mehr unter dem Wind als gegen den Wind fährt: Der Scirocco.

Sie sagen sich: Mindestens 100 PS. Und damit liegen Sie nicht schlecht. In seiner stärksten Version sind es 81 kW/110 PS. Und die sorgen dafür, daß der Scirocco mit seinem sportlichen Fünf-Gang-Getriebe in 9,5 Sekunden von Null auf 100 km/h beschleunigt. Und eine Spitze von 190 km/h fährt. Dazu ein Frontantriebs-Fahrwerk mit spurstabilisierendem Lenkrollradius. Innenbelüftete Scheibenbremsen vorn. Bremskraftverstärker und -Regler. Leichtgängige, direkte Lenkung.

Sie werfen einen Blick in den Innenraum. Sportliche Ausstattung: z. B. Drehzahlmesser, Vierspeichen-Sportlenkrad, höhenverstellbare, gut ausgeformte Sitze, schön in Schale. Und Sie nehmen sich vor: Probefahrt. Möglichst schon morgen.

Der Scirocco. Aufregend vernünftig.

V·A·G

Bei Ihrem V.A.G Partner.

RIEG

Tuning – Tiefer, breiter, lauter!

Spoiler, Schweller, Rallyestreifen für den Disco-King

Hat eigentlich schon einmal jemand gezählt, wie viele Manta-Witze es gab? Es müssen unglaublich viele gewesen sein, die das erfolgreiche Opel-Coupé und seine Besitzer mehr oder weniger gelungen durch den Kakao zogen. Dabei wurden die unzähligen – und nicht immer besonders geschmackssicheren – Tuningexzesse beileibe nicht nur dem Rüsselsheimer Rochen zum Verhängnis.

Über den haben dank „Uschi" und „Bertie" (Tina Ruland, Til Schweiger) zwar alle gelacht, für den VW Scirocco gab es indes ein nicht minder breites Angebot an „Kosmetikzubehör", das ihn breiter, tiefer, bunter, lauter, härter und extremer auftreten ließ. Die Teile füllten dicke Kataloge, manche Hersteller verschwanden allerdings genauso schnell wieder vom Markt wie sie aufgetaucht waren.

Und noch einmal der Fulldresser aus Gießen (siehe Seite 28): Jetzt hat er endlich passende Räder und Semperits mit Akzentuierung in weißer Reifenfarbe.

Andere Spezialitäten, etwa die „GTO"-Breitbausätze des süddeutschen Tuners Rieger, deren imitierte Kühlschlitze an den Ferrari Testarossa erinnern sollten, gibt es heute noch. Firmeninhaber Toni Rieger verkauft auf Wunsch sogar Komplettfahrzeuge. Mit Superbreitreifen und Glitterlack.

Eine Stilblüte, gerade der Achtziger, waren Cabrio-Bausätze, die man – wenn man sich das handwerklich zutraute – auch in der heimischen Garage zu schmucken Autos machen konnte. Die Bilder von OLDTIMER MARKT-Leser Wolfgang Schuster etwa zeugen von solch einer ambitionierten „Heimarbeit".

Aber auch zahlreiche weitere Bilder, die uns die Leser des Magazins OLDTIMER MARKT zur Verwendung in diesem Buch überließen, zeigen viel kreatives (Tuning-) Potenzial und vor allem zeigen sie den ganzen Stolz der Scirocco-Besitzer!

Born to be wild – Scirocco-Fahrer fürchten weder Tod noch Teufel.

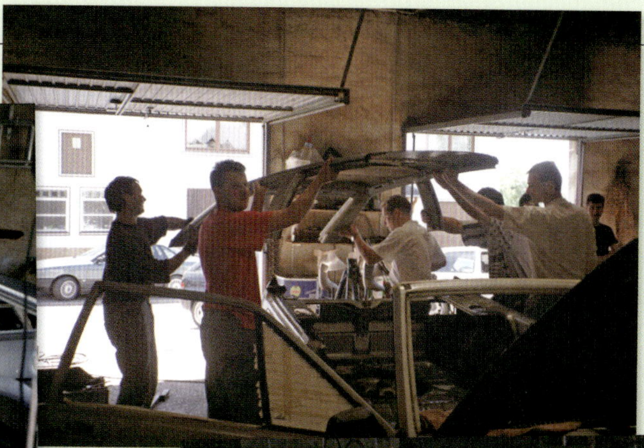

Heimarbeit: Wolfgang Schuster flext beherzt das Dach ab, Freunde helfen beim Abheben. In die leergeräumte Karosserie werden Verstärkungen eingeschweißt und der neue Heckdeckel aus GFK angepasst. Das Rocco-Cabrio machte geschlossen, aber erst recht mit offenem Verdeck eine gute Figur.

jules verne
disco

Scirocco I GTO/Competition
Scirocco I GTO Evolution
Scirocco I GTS auch in Evolution-Version lieferbar
Scirocco I GTO
Scirocco I GTB
Scirocco I GTB/Evolution
Polo GTO
Polo II GTS – Spoilerstoßstange
Kadett GTO/Competition
Kadett E GTS

Jetta I GTB Evolution
Jetta II GTB Evolution
Scirocco II GTO/Competition Cabrio
Scirocco II GTO/Competition
Scirocco II GTO Evolution
Scirocco II GTO
Scirocco II GTB/Competition
Scirocco II GTB/Evolution
Scirocco II GTS
Spoilerstoßstange in Evolution- oder Normalausführung auch einzeln für Serienkarosserie lieferbar.

WAMBACH
ROCCO
Eine exclusive Er-Fahrung

VW Scirocco II
steppan

VW Scirocco I
Ein kompletter Karosseriebausatz für den Scirocco I.
Steppan-Bausatz SS1
bestehend aus:
Spoilerstoßstange
vorn und hinten,
4 Kotflügel im »GT-Rossa-Design«,
Türschweller
mit Luftschlitz,
Türblenden
mit imitierten Luftschlitzen.
Komplettbausatz Best.-Nr. SS1
Tieferlegungssätze für alle gängigen Fahrzeugtypen siehe S. 76/77.
Bei Verwendung unserer Felgen- und Reifenkombination ist folgendes Zubehör erforderlich:
Tieferlegungssatz Steppan S017.2/4
Federbeindomstrebe Steppan DO 10
Querlenkerabstützung Steppan ST 10
steppan
33

Die Tuning-Pracht der Achtziger: Angefangen beim Zender Z 400 oben links, den es auf Wunsch auch mit Turbomotor (147 PS) gab, über die Flügelpracht von Steppan aus Bottrop sorgten extreme Breitbauten etwa von Rieger (Mitte), Wochner oder WS-Styling für Aufsehen. Auch beliebt: Cabriobausätze von Hornstein (unten links) oder Speedster (oben rechts). Wambach aus Hamburg (Mitte links) traute sich den Targa, den VW verwarf. Scheren- und Flügeltüren (diese Seite) waren schwer angesagt.

Sondermodelle II –
Und abends in den „Scala“

Vom legendären „White Cat“ bis zum „Cheetah“

Der Scirocco GTS

Um die Absatzzahlen den Erwartungen wenigstens anzunähern, griff Volkswagen auf ein bewährtes Rezept zurück und legte regelmäßig Sondermodelle auf, die mit erweiterten Ausstattungsumfängen sowie teilweise exklusiven Lackierungen und Details zu besonders scharf kalkulierten Preisen angeboten wurden. Schon im September 1982 erschien mit dem Scirocco GTS das erste Sondermodell, das angetreten war, „speziell die weitgehend verlorengegangene Käuferschicht der unter 30-jährigen gezielt anzusprechen“.

Dazu beklebte man die Karosse mit schwarzen Dekorstreifen, die in der unteren Karosseriehälfte die Buchstaben GTS bildeten und verkleidete die B-Säule mit mattschwarzer Folie, was dem damaligen Zeitgeist entsprechend eine gewisse optische Sportlichkeit vermittelte, die sich im Innenraum fortsetzte. Dort warteten ausgeformte Sportschalensitze, ein griffiges Vierspeichenlenkrad mit vier runden Hupknöpfen und eine Öltemperaturanzeige in der Mittelkonsole auf den ambitionierten Fahrer.

Von innen einstellbare Rückspiegel, geräumige Kartentaschen in den Türen und ein Zigarettenanzünder – damals in der Serie allesamt aufpreispflichtige Extras – komplettierten die Ausstattung des GTS, der in den Farben Marsrot, Kometenblaumetallic und Diamantsilbermetallic erhältlich war. Die Preise starteten bei 19.450 Mark für die Variante mit 85-PS-Motor und endeten bei 21.990 Mark für den stärksten GTS mit der 112-PS-Maschine aus dem GTI/GLI, die jeweils über 1500 Mark über dem Sondermodell lagen.

Das erste Sondermodell des Scirocco II war der GTS. Wie viele Scirocco-Fahrer Reisen mit dem Hubschrauber unternahmen, ist nicht überliefert.

Der Scirocco GTX

Der GTX folgte bereits genau ein Jahr später im September 1983. Es war der erste Scirocco mit serienmäßiger Vollverspoilerung ab 7/1984, die der Zulieferer Kamei mit seinem aus Front- und Heckspoiler sowie Seitenschwellern bestehenden Bodykit X1 beisteuerte und die das Coupé

optisch enorm aufwertete, ihm eine kraftvolle Dynamik verlieh.

Nicht unerheblichen Anteil daran hatten auch die Leichtmetallräder „Avus“ mit Bereifung in 185/60/14, die dem Wagen einen stämmigen Auftritt verliehen. Den GTX gab es folgerichtig ausschließlich mit den beiden stärksten Motorisierungen, 90 PS (22.445 Mark) und 112 PS (24.920 Mark). Das Sondermodell kam bei der Kundschaft so gut an, dass Volkswagen die GTX-Version wenig später als sportliches Topmodell in die Serie übernahm.

Neuordnung des Modellprogramms (GT, GTL, GTX)

Zum Modelljahr 1985 war es erstmals möglich, alle Motoren mit allen Ausstattungen zu kombinieren. Die Palette wurde auf drei Ausstattungslinien (GT, GTL und GTX) gestrafft, die insgesamt ab der Basis (GT) mit einem Drehzahlmesser, Ablagefächern in den Türen, dem Vierspeichen-Sportlenkrad und einem von innen einstellbaren Außenspiegel besser bestückt waren. Der GTL wartete mit einem Beifahrer-Außenspiegel, einer geteilten Rücksitzbank und einem vollständig mit Teppichboden ausgelegten Kofferraum auf. Der Umfang des GTX blieb unverändert.

Der GTX kam erstmals mit Spoilersatz von Zender, später wurde aus dem Aktions- ein Serienmodell.

Der Scirocco „White Cat“

Mit dem in streng limitierter (832 Exemplare!) Auflage lancierten „White Cat“ setzte Volkswagen 1985 ein Glanzlicht. Einen zeitgeistigeren Volltreffer hätte man kaum landen können. Der durchgängig – inklusive des Rundum-Spoilersatzes von VW (hier wurde nicht auf das Bodykit von Kamei zurückgegriffen) – strahlend weiß lackierte Wagen wirkte umwerfend elegant. Mit

Den wollen sie heute alle: Das Sondermodell „White Cat“ mit nur knapp über 800 gebauten Exemplaren wird von Sammlern gesucht.

Auch dieses Sondermodell hat mittlerweile Sammelstück-Status: Den „Tropic“ gab es genau 2622 Mal.

Ein weiteres Sondermodell, das später in die Serie übernommen wurde, war der „Scala“.

den ebenfalls weißfolierten Rückleuchten – die Signalfarben mussten ja erhalten bleiben! – setzte Volkswagen vermutlich ungewollt einen Tuningtrend, der noch Jahre anhalten sollte.

Der „White Cat“ basierte grundsätzlich auf der GT-Ausstattung, setzte aber mit grüner Wärmeschutzverglasung, den hellgrau – fast weiß – bezogenen und höhenverstellbaren Sportsitzen, von innen einstellbaren Außenspiegeln und der elektronisch verstärkten Dachantenne, die im hinteren Dachbereich saß und den Wagen im Profil optisch streckte (auch Dachantennen wurden später zum Tuningtrend) starke eigene Akzente. Der „White Cat“ gehört heute – als Klassiker – zu den gesuchtesten Scirocco-Modellen überhaupt. Auch, weil mit ihm der danach über viele Jahre fortgeführte Kampagnenslogan „Die neueste Idee von Volkswagen“ seinen Anfang nahm.

Der Scirocco „Tropic“

Im Frühjahr 1986 kam dann gleich das nächste Aktionsmodell auf den Markt, von dem der Moderator eines Oldtimertreffens im Rheinland sagte: „Eigentlich hätten die smarten Ermittler der Kultserie ‚Miami Vice‘ in diesem Auto auf Verbrecherjagd gehen müssen – schon wegen der wunderschön leuchtenden Farbe.“ Er meinte den Scirocco „Tropic“, nach dem „White Cat“ mit nur rund 2600 gebauten Exemplaren das zweitseltenste Sondermodell der Baureihe.

Der „Tropic“ war in den exklusiven Metallic-Lackierungen Madisontürkis und Kiwibraun (extrem selten, die Lackierung entsprach der des Golf-II-Sondermodells „Flair“) erhältlich, die Innenausstattung mit Sportsitzen war farblich (oliv-türkis gestreift) perfekt auf die strahlende Aussenhaut abgestimmt. Ebenfalls dabei: der rundum lackierte VW-Spoilersatz inklusive 14-Zoll-Leichtmetallrädern „Avus“ mit jeweils partiell in Wagenfarbe lackierten Speichen.

Von innen einstellbare Außenspiegel, grüne Wärmeschutzverglasung, höhenverstellbare Sitze und das Radio-Cassetten-System „beta“ gehörten ebenfalls zum Ausstattungsumfang des keilförmigen Strahlemanns aus Osnabrück. Satte 4340 Mark hätte die Mehrausstattung als Option gekostet, nur 2640 davon wurden auf die Kunden umgelegt – ein Topangebot!

Der Scirocco „Scala“

Der im Herbst 1986 präsentierte „Scala“ sah – zumindest, wenn man ihn in Weiß orderte – dem „White Cat“ zum Verwechseln ähnlich, verzichtete allerdings auf die weiß folierten Rückleuchten. Dennoch ist heute Vorsicht geboten, wenn einem vermeintlich einer der seltenen originalen „White Cat“ angeboten wird. Oft handelt es sich um einen umgerüsteten „Scala“. Und der wurde in wesentlich größeren Stückzahlen gebaut! Für ihn gab es optional ein so genanntes „Sportpaket“, das ihn mit Leichtmetallrädern, höhenverstellbaren Sportsitzen und einem Sportlenkrad zusätzlich aufwertete. Auch er war im Preis äußerst attraktiv kalkuliert worden.

V.A.G Verkauf.

Nr. 82

PRODUKT INFORMATION INTERN

Starker Beifall zu erwarten.
Der neue Scirocco „Scala“.

Die besonderen Volkswagen-Modelle mit individuellen Stylingmerkmalen und vielen Extras inklusive finden vor allem bei jüngeren Autofahrern hohe Akzeptanz. Eine spezielle Käuferstudie ergab: Der Anteil der Kunden unter 30 Jahren beträgt bei diesen besonderen Modellen 33 Prozent; bei den „normalen“ Modellen zählt dagegen jeder 5. Kunde zu dieser Altersgruppe. Auch die Eroberungsrate ist bei den besonderen Volkswagen deutlich höher, vor allem gegenüber den Wettbewerbern aus Japan.
Als „Neueste Idee“ bringen wir jetzt den Scirocco „Scala“. Er ist ganz auf die Wünsche jüngerer Käufer zugeschnitten, die ein Auto mit „Vorzeige-Effekt“ suchen und viel Wert auf äußere Sportlichkeit legen. Besonders attraktiv sind auch die Eintrittspreise für das „Scala“-Erlebnis: Wir bieten einen Kundenvorteil von rund DM 1.100,–. Bereiten Sie also dem „Scala“ einen starken Auftritt im Schauraum vor. Die Mittel dazu erhalten Sie rechtzeitig von uns. Sie können mit Beifall rechnen.

Absatzförderung

Interne Produktinfo für den VAG-Verkäufer: „Bereiten Sie dem ‚Scala‘ einen starken Auftritt im Schauraum vor.“

James Bond wollte ihn dann doch nicht – selbst schuld.

Ab 1987 war's dann weitgehend vorbei mit den „neuesten Ideen von Volkswagen", zumindest für den Scirocco. Obwohl es Volkswagen tatsächlich gelang, den Absatz des Sportcoupés mit den Aktionsmodellen in der ursprünglich avisierten jüngeren Käuferschicht signifikant zu steigern, sanken die Verkaufszahlen insgesamt über die Jahre unaufhörlich.

Als 1988 auch noch der eigentlich höher platzierte und wesentlich teurere Corrado erschien und dem Rocco seinen Platz als einziges Coupé im Modellprogramm streitig machte, stürzten die Verkäufe des Scirocco ab. Daran konnte auch der zuletzt komplett ausgestattete „GT II" nichts mehr ändern. 1990 bis 1992 wurden nur noch 18.283 Exemplare verkauft. Am 7. September 1992 endete die Produktion des Scirocco II bei Karmann in Osnabrück.

Sondermodelle für die USA, Kanada und Großbritannien, Studien und Einzelstücke:

Der Scirocco Storm: Analog zur ersten Serie bot Volkswagen in Großbritannien 1984 abermals ein Sondermodell namens „Storm" an. Wiederum waren die vorstechenden Merkmale die Vollleder-Innenausstattung mit Sportsitzen und der 112-PS-Motor aus dem GTI. Äußerlich orientierte sich der „Storm II" mit seinem teilweise in Wagenfarbe lackierten Kamei-Spoiler- und Schwellersatz am späten GTX, respektive am Sondermodell „Scala", dem er stark ähnelte. Lieferbar war er in den Lackfarben Cosmosblau- und Havannabraunmetallic, was dem Kiwibraun des 86er-Sondermodells „Tropic" ähnelte. Die 14-Zoll-Leichtmetallräder vom Typ „Montreal" gab es auch für weitere VW-Modelle, vorwiegend Sondereditionen des Golf II. Die zweite Auflage des „Storm" war auf 600 Exemplare (300 in blau, 300 in braun) limitiert.

Der Scirocco „California Edition": Dieses Modell legte VW of America 1983 anlässlich des 600.000. Scirocco auf. Es war das erste Modell in den USA, das mit Kameis X1-Bodykit ausgerüstet wurde. Da die „California Edition" in einer Auflage von nur 500 Stück ausschließlich in Zermattsilber erhältlich war, wird dieses Modell auch als „Silver Anniversary Scirocco" bezeichnet.

Die Karmann-Studie Cheetah stand 1984 auf dem Genfer Automobilsalon. Die Ausstattung war damals purer Luxus. Nach der Messe nutzte ihn die Familie Karmann als Privatwagen.

Das Einzelstück basierte auf dem GT und hatte eine Dreigangautomatik. Der Spoilersatz ist eine Sonderanfertigung für den Cheetah, der in zeitgeistigem Perlmuttweiß schimmert.

Der Scirocco „Slegato": Seltener als der für Kanada produzierte „Slegato" (italienisch für frei, ungebunden) mit 127 gebauten Exemplaren im Jahr 1988 ist kein anderes Sondermodell. Im Grunde ist der „Slegato" ein „Scala" mit nordamerikanisch ausladenden Stoßfängern und Sealed-Beam-Scheinwerfern. Darüber hinaus waren ein Automatikgetriebe und eine Sitzheizung serienmäßig, eine Klimaanlage optional verfügbar.

Der Scirocco „Cheetah": Ein legendäres Auto – und ein Einzelstück. Der perlmuttweiß schimmernde und mit einer knallroten Lederausstattung versehene „Cheetah" war ein Ausstellungsfahrzeug der Firma Karmann für den Genfer Autmobilsalon 1984. Er entstand in Handarbeit und war mit allem ausgestattet, was Mitte der 80er als luxuriös galt, unter anderem mit einer Klimaanlage, einem Schiebe-Ausstell-Dach, elektrischen Fensterhebern und elektrischen Außenspiegeln, Zentralverriegelung, Scheinwerfer-Waschanlage, HiFi-System, einem speziellen Spoilersatz sowie ausschließlich für dieses Fahrzeug gefertigten Felgen mit sündhaft teuren Michelin-TRX-Reifen. Karmann wollte zeigen, was möglich war – ein Serienauto sollte daraus nicht werden. Nach der Messe wurde der „Cheetah" jahrelang als Privatfahrzeug der Unternehmerfamilie Karmann genutzt. Heute befindet sich das Einzelstück im Besitz eines Sammlers in Norddeutschland.

Heute findet sich das Auto in der Hand des Scirocco-Fans und Sammlers Gerhard Hönnig, der es hegt und pflegt. Deshalb sieht auch die exklusive knallrote Lederausstattung nach 34 Jahren noch so gut aus.

1986

16V – Jetzt geht es über 200

Der Sechzehnventiler macht dem Scirocco II Beine

Mit 1,8 Litern Hubraum und 112 PS, bis dato stärkste Motorisierung für den Scirocco II, war der Keil aus Osnabrück beileibe kein lahmer Zosse gewesen. Ein richtiger Sportwagen war er aber auch nicht. Das änderte sich erst, als Volkswagen zur IAA 1983 einen echten Hightech-Motor vorstellte. Auf Basis des bewährten 1,8-Liter-Vierzylinders hatte man die Zahl der Ventile auf 16 verdoppelt, ebenso die der Nockenwellen. Der neue Doppelnocker lieferte tolle Leistung bei großer Zuverlässigkeit und vergleichsweise günstigem Verbrauch.

Der König der Baureihe betrat die Bühne spät, aber eindrucksvoll: 139 katlose PS aus dem elastischen Sechzehnventiler waren eine Ansage.

Allerdings musste die Kundschaft trotz überwiegend positiver Resonanz noch bis 1985 warten. Nicht zuletzt verschärfte Abgasbestimmungen auf allen Märkten hatten den Serienanlauf des neuen Sportmotors verzögert. Aber: Im Juli 1985 war das neue Topmodell dann endlich verfügbar! Mit strammen 139 PS (ohne Kat, mit Katalysator später 129 PS) durchbrach der GT 16V, dessen Leergewicht immer noch unter einer Tonne lag, locker die prestigeträchtige 200-km/h-Marke (Werksangabe: 208 km/h).

Den 16V gab es in den Ausstattungslinien GT und GTX.

Um der höheren Leistung gerecht zu werden, bekam der 16V verstärkte Querlenker, Scheibenbremsen hinten und einen größeren Heckspoiler, der in der Folge zunächst für die Sondermodelle „White Cat", „Scala" und „Tropic" verwendet und danach in die Serie übernommen wurde.

Der sportlichste aller Scirocco kam zu einer Zeit auf den Markt, als der Trend zur Fahrzeugindividualisierung, vulgo: Tuning, auf dem Höhepunkt war. Versandhändler wie D&W in Bochum, aber auch Tuner wie Kamei, Zender, Oettinger & Co. schrieben Millionenumsätze. Immer im Mittelpunkt: die Bestseller von BMW, Opel und VW. Für Kadett, Golf und Scirocco gab es nichts, was es nicht gab – tiefer, härter, schneller, lauter, bunter. Von diesem Kuchen wollte sich Volkswagen mit dem GT 16V, der ja selbst im sportlichen Trimm

Mitte der Achtziger wurde Tennis nicht zuletzt dank Boris Becker und Steffi Graf sagenhaft populär. Kein Wunder, dass VW den neuen 16V gern im Umfeld des schicken weißen Sports zeigte.

daherkam und dieses Versprechen dank seines Motors auch halten konnte, ein Stückchen abschneiden. Was durchaus gelang. Sciroccos wurden oft und gerne „aufgemotzt", ein GT 16V aber sprach für sich selbst.

Auch die Motorpresse mochte und lobte ihn ob der ausgezeichneten Qualität von Fahrwerk und Motor als „sportlichsten Volkswagen, den es je gab". Das ist wohl mit ein Grund, weshalb frühe 16V im Originalzustand heute – zusammen mit den streng limitierten Sondermodellen „White Cat" und „Tropic" – zu den begehrtesten Klassikern unter VW-Fans gehören. Gerade die katlose 139-PS-Version, die dank H-Zulassung auch wirtschaftlich wieder interessant ist, wird immer noch ein bisschen wertvoller.

Eine frühe Karmann-Studie des Sechzehnventilers. Offenbar plante man, das Topmodell auch optisch stärker von seinen Brüdern abzusetzen.

Früher war alles schwarzweiß: alte Zeitungswerbung für den 16V.

Zwei obenliegende Nockenwellen waren nichts Neues im Automobilbau, bei der VAG aber schon. Als die ersten Golf-und Scirocco-Sechzehnventiler in den Vertretungen ankamen, blieb in den Werkstätten erst einmal die Arbeit liegen.

Im Leichtmetall-Zylinderkopf betätigten zwei obenliegende Nockenwellen pro Zylinder zwei Ein- und zwei natriumgekühlte Auslassventile. Das „DOHC 16V" auf der Ansaugbrücke war in Verbindung mit dem VW-Logo eine Sensation.

Mehr Scirocco ging nicht: Der GTX 16V war das Topmodell und rannte 208 km/h.

Keine Frage, dieser Rocco war wirklich schnell. Heute beeindruckt weniger seine Endgeschwindigkeit als vielmehr, wie er sie entfaltet. Der 1,8-Liter-16-Ventiler dreht wie eine Turbine und lässt sich dabei schaltfaul bewegen.

In seiner zweiten Auflage bekam der 16V seinen Spoilersatz in Wagenfarbe und Leichtmetallräder „Le Castellet".

GT II –
Zum Schluss ein tolles Einheitsmodell

Mit satter Ausstattung und dem feinen 1,8-Liter in die letzte Runde

Allen Sondermodellen zum Trotz: Volkswagen hat auch noch nie etwas verschenkt. Die Autos waren grundsätzlich mit allem ausgerüstet, was es zum Fahren braucht. Alles darüber hinaus kostete aber stets mehr oder weniger saftigen Aufpreis.

Zum Abgesang des Scirocco II gab es neben dem „Scala", der zum Ende hin kein Aktionsmodell mehr, sondern eine serienmäßig lieferbare Ausstattungsvariante war, mit dem „GT II" praktisch so etwas wie den Über-Scirocco. Er bekam ab Werk im Prinzip alles mit auf den Weg, was vorher als Extra gut und teuer gewesen war: Servolenkung, Fünfganggetriebe (wahlweise Automatik), den in Wagenfarbe lackierten Rundumspoilersatz, grüne Wärmeschutzverglasung,

Bis auf Cup-Felgen und 195er-„Breitreifen" war dieser GT II von Jörg Lamers aus Wildeshausen in originalem Zustand. Der tornadorote Straßenfeger aus dem letzten Baujahr 1992 hat Seitenblinker und Schiebe-Aufstell-Dach.

Traurige Karmänner: Im September 1992 endete die Produktion.

von innen einstellbare Außenspiegel, Ledersportlenkrad, Dreipunkt-Sicherheitsgurte auf den Rücksitzen, Schiebe-/Ausstelldach, Heckscheibenwischer, Seitenblinker in den vorderen Kotflügeln, Radio-Cassettenanlage „Gamma" mit vier Lautsprechern, Leichtmetallräder und attraktive Metallic-Lackierungen.

Einziger Wermutstropfen: Es gab ihn nur noch mit einem Motor. Mit dem selbstverständlich katalysatorgereinigten 1,8-Liter-Einspritzer mit 95 PS stand der Rocco allerdings gut im Futter. Das Aggregat war elastisch, hing gut am Gas, es war sparsam und bei ordentlicher Pflege anspruchslos. Zum Modelljahr 1992 war der GT II dann auch der einzige Scirocco, den man noch neu kaufen konnte, der „Scala" wurde nicht mehr angeboten. Am 7. September 1992 schloss der letzte GT II die „Akte Scirocco" in der VW-Modellgeschichte. Zumindest vorerst.

Zeitgeschichte: Das war 1992

- Mit dem Vertrag von Maastricht tritt die Europäische Union endgültig in Kraft.
- Der Krieg im zerfallenden Jugoslawien eskaliert, der UN-Sicherheitsrat fasst den Beschluss, in die Kämpfe einzugreifen.
- Der ehemalige Staatschef der DDR, Erich Honecker, der sich mitsamt seiner Frau Margot in die chilenische Botschaft in Moskau geflüchtet hatte, kehrt nach Berlin zurück und wird noch am Flughafen verhaftet.
- Rostock-Lichtenhagen wird zum Synonym für Gewalt. Mehrere Tage lang toben Rechte und Xenophobe, Politiker und Polizei versagen völlig.
- Ein Liter Superbenzin kostet 1,33 DM.
- Der Mehrwertsteuersatz beträgt 14 Prozent.
- Eric Clapton veröffentlicht das Album *Unplugged* und schreibt damit Musikgeschichte.
- Der deutsch-französische Sender Arte geht auf Sendung.
- Die römisch-katholische Kirche rehabilitiert nach mehr als 350 Jahren Galileo Galilei.
- Der Jahrhundert-Hurrikan Andrew richtet rund um die Karibik enormen Schaden an, 65 Menschen sterben.
- Beim Absturz einer El-Al-Maschine bei Amsterdam sterben 50 Menschen. Die Fracht: Waffen und ein Stoff, der zur Nervengasherstellung verwendet werden kann.
- Die Illustrierte *Quick* stellt nach 43 Jahren ihr wöchentliches Erscheinen ein.
- Bill Clinton wird zum 42. Präsidenten der USA gewählt.
- Die beiden ehemaligen Bundestagsabgeordneten Petra Kelly und Gert Bastian werden tot aufgefunden.
- In Los Angeles kommen mehr als 50 Menschen bei sechstägigen Rassenunruhen ums Leben.

E 91282

RENAULT·17

Die Konkurrenten

Manta, Capri und Co. – und die ersten flotten Japaner

Früher galt das noch viel mehr als heute: Autokäufer wechselten nicht so ohne weiteres das Lager, sprich: den Hersteller. Man war Opel- oder Ford- oder eben VW-Kunde. Wie viele Opelaner oder Fordisten die Wolfsburger mit ihrem westfälischen Wüstenwind herüberzulocken imstande waren, lässt sich kaum ermitteln. Fest steht: Manta und Capri waren schon da, waren bestens etabliert – und bleiben stets die klassischen Konkurrenten des Scirocco.

Der Capri: Mehr GT als Renner

Die Ford-Werke hatten ihren „deutschen Mustang" – mit langer Schnauze und knackigem Heck geriet er ausnehmend sexy – bereits 1969 ins Rennen um die Käufergunst geschickt. Capris für den deutschen Markt kamen aus Köln, Saarlouis und Genk, die für die internationale Kundschaft wurden in den britischen Werken Dagenham und Halewood montiert, wobei sich auch deren Motorisierungen von denen der deutschen Fahrzeuge unterschieden.

Ford Deutschland rüstete das Coupé zunächst mit Vierzylinder-V-Motoren mit 1,3, 1,5 und 1-7 Litern Hubraum aus. Als Spitzenmotor war ein Zweiliter-V6 verfügbar, später kamen der 2300 GT (108 PS) und der 2600 GT (125 PS), jeweils Doppelvergaser-Sechszylinder, hinzu. Das 2,6-Liter-Aggregat sollte später als Basismotor der legendären „RS"-Capri Motorsportgeschichte schreiben.

Als VW den Scirocco vorstellte, hatten die Kölner bereits die zweite Auflage ihres Erfolgsmodells, den Capri II. Der war komfortabler und glattflächiger als das Urmodell, wurde so eher ein Gran Turismo als ein Sportcoupé, was seiner Beliebtheit indes keinen Abbruch tat. Er verkaufte sich gut, nicht zuletzt aufgrund seines breit gefächerten Motoren- und Ausstattungsangebotes.

Nach einer umfangreichen Überarbeitung im Jahr 1978 verkaufte Ford den Capri noch bis 1986 mit Motorisierungen bis hin zum 3-Liter-V6 und stellte die Baureihe dann nach insgesamt über 1,8 Millionen gebauten Exemplaren ein. Als Designer aller Capri-Baureihen zeichnete Uwe Bahnsen verantwortlich, der auch den Taunus und später Sierra und Scorpio zeichnete.

Ford hatte seinen deutschen Mustang und damit großen Erfolg. Allerdings war der Capri mehr Boulevard- als Sportcoupé und auch technisch simpler als der Scirocco.

Der Manta: Ein Teufelsrochen greift an

Auch die Rüsselsheimer waren lange vor dem VW dran und präsentierten den Manta A im September 1970. Der war im Prinzip eine schickere Variante der später erschienenen Limousine Ascona, wusste die Kundschaft aber von Anfang an zu überzeugen. Er verfolgte das gleiche Konzept wie der Ford Capri, war eine für fünf Passagiere ausgelegte Sportlimousine mit schnittiger Optik, einem auch für den Familienurlaub ausreichend großen Gepäckabteil und Heckantrieb.

Die zuverlässigen und spritzig ansprechenden Motoren mit anfangs 68, 80 und 90 PS weckten Sportfahrerambitionen, wie sie auch die zeitgenössische – und nicht immer ganz jugendfreie – Werbung der frühen Siebziger suggerierte. Den Namen verdankte das Coupé der Legende nach dem Tierfilmer Jacques Cousteau, der Ende der Sechziger Unterwasseraufnahmen der Flügelrochen veröffentlicht hatte. Die Tiere schienen mit ihren Schwingen gleichsam durchs Wasser zu fliegen und inspirierten den Designer.

Ein Sinnbild, das den Rüsselsheimer Marketingstrategen bestens ins Bild passte – der Manta sollte die Konkurrenz, namentlich den Ford Capri, überflügeln. Mit ein Grund, weshalb der stilisierte Rochen als Metallemblem die Kotflügel zierte.

Optisch war der erste Manta mit seiner langen Haube und vier Rundscheinwerfern, die am Heck mit vier runden Rückleuchten korrespondierten, eine echte Ansage und sah stets schneller aus, als er eigentlich war. Erst der 1974 und nur für ein Jahr gebaute GT/E konnte mit satten 105 PS der rasanten Optik entsprechen und gilt heute als sehr gesuchtes Sammlerfahrzeug.

Wie schon beim Ford Capri, gilt bauzeitbedingt eigentlich auch erst die zweite Generation des Opel Manta als direkter Wettbewerber des VW Scirocco. Er kam im August 1975 und basierte ebenfalls technisch auf der Limousine Ascona, bot mit verlängertem Radstand und einer größeren Karosserie noch mehr Alltagstauglichkeit als das Urmodell.

Zudem gab es ihn vom Start weg mit einer größeren Motorenauswahl, die auch sportlich orientierte Fahrer ansprach. Im Gegensatz zum Urtyp gab es vom Manta B mit dem CC (Combi Coupé) sogar eine Karosserievariante mit großer Heck-

weiter auf Seite 110

Und immer wieder Tennis: Der Opel Manta war längst gut eingeführt, als der Scirocco kam.

Das Kombicoupé Renault 15 kam 1971 parallel mit dem R 17, der sich sportlicher gab und flacher baute. Der R 15 basierte technisch auf der Limousine R 12, eroberte hierzulande aber keine großen Marktanteile.

Auto

Honda Accord/VW Scirocco: Die sportlichen Zwei

Sportliche Coupés sind 'In'. Um die begehrten Marktanteile in dieser Klasse rangeln neben den heimischen Produzenten auch die Manager von Honda mit dem Accord 1600. Und der Japaner im Scirocco-Format schlägt sich wacker. Innerhalb kurzer Zeit wurden eineinhalb Jahresproduktionen des Accord auf dem deutschen Markt abgesetzt. Grund genug für uns, den japanischen Neuling mit seinem deutschen Doppelgänger, dem VW Scirocco, zu vergleichen.
Formal bringt der Accord günstige Voraussetzungen mit, sich die Käufergunst zu erwerben. Den Honda-Stylisten ist es gelungen, den schon zahlreichen Kombi-Coupé-Formen eine neue, verkaufsträchtige Variante hinzuzufügen. Die wohlproportionierte Karosserie mit niedriger Gürtellinie und großen Fensterflächen wirkt aus allen Perspektiven gefällig. Bei oberflächlicher Betrachtung kann man den Accord für einen Doppelgänger seines Testkonkurrenten VW Scirocco halten. Auch das Wolfsburger Kombi-Coupé kann sich sehen lassen. Das ihm angediehene Face-Lifting und die weit in die Flanken gezogenen Sicherheitsstoßstangen betonen beim Scirocco des Modelljahres 1978 noch stärker die klaren, gestreckten Linien.
Doch nicht nur äußerlich gleichen sich die Sportlichen. Unter dem Blech versehen bei beiden quer eingebaute Vierzylindermotoren, die die Vorderräder antreiben, ihren Dienst.
Für den Einsatz im Accord wurde der vom Honda Civic bekannte Motor abgeändert

Zum Modelljahr 1978 wurde der Scirocco gründlich überarbeitet. Der Motor hat nun 1,5 Liter Hubraum und leistet 70 PS. Die Karosserie wurde optisch aufgewertet. Sie erhielt einen neuen Kühlergrill, kunststoff-ummantelte, bis weit in die Flanken reichende Stoßfänger und einige andere Verbesserungen. Die Bilder rechts zeigen den Scirocco in seiner alten Form, unten der Scirocco der 78er-Serie.

NAL **MARKTINFORMATIONEN**

Der Accord ähnelt bei flüchtiger Betrachtung dem Scirocco. Vier Scheinwerfer, ein breitgezogener Kühlergrill und Stoßstangen, die ihren Namen zu Recht tragen, kennzeichnen die Frontpartie des neuen Honda Accord. Das zweitürige Combi-Coupé ist dank der großen Heckklappe universell nutzbar.

und modifiziert. Das Triebwerk leistet bei einem Hubraum von 1588 ccm nun 80 PS. Trotz dieser gegenüber dem Scirocco um zehn PS kräftigeren Motorisierung – der Scirocco hat bei einem Hubraum von 1457 ccm 70 PS –, bleibt der Accord beim Spurt zur 100 km/h Marke hinter dem Scirocco zurück. Während der VW seinen Sprint in 12,5 sec meistert, braucht der Honda 13,1 sec. Auch auf der Autobahn – sollten sich die Autoschlangen einmal wieder lichten – bleibt der Accord zurück. Mit einer Spitzengeschwindigkeit von 162 km/h läßt der Wolfsburger den Honda, der nur 154 km/h schafft, klar hinter sich. Dafür ist der Honda aber sparsamer. Bei ihm fließen nur 10,1 Liter Normalkraftstoff pro 100 Kilometer durch den Registervergaser. Der Scirocco braucht für dieselbe Strecke 10,9 Liter Normal. Zur Sparsamkeit des Accord trägt nicht zuletzt das gut abgestufte Fünfgang-Getriebe bei. Dabei ist der fünfte Gang als reiner Schongang ausgelegt, die Höchstgeschwindigkeit wird demnach nur im vierten Gang erreicht. Doch auch die Abstufung des Scirocco-Getriebes läßt keine Wünsche offen. Nur wäre auch hier ein fünfter Gang als Schongang angebracht. Die Lärmentwicklung hält sich bei beiden Konkurrenten in Grenzen. Windgeräusche treten kaum auf, und die Motoren halten sich dezent zurück. Nur bei hohen Drehzahlen macht sich das Accord-Triebwerk durch rauhen Lauf bemerkbar.

Das Fahrverhalten der Fronttriebler ist weitgehend neutral. Beide Coupés untersteuern sanft und zerren dabei leicht an der Lenkung. Beim schlagartigen Gaswegnehmen werden vor allem beim Accord deutliche Lastwechselreaktionen bemerkbar. Auch neigen die Antriebsräder in engen Kurven und auf Bodenwellen stärker zum Durchdrehen als beim Scirocco. Das Sicherheitsreservoir ist bei beiden dabei stets befriedigend.

Auch für Innen- und Koffer-

29

Der größte Vorteil des konzeptionell ähnlichen Honda Accord war sein besseres Preis-Leistungs-Verhältnis. Die Japaner boten mehr Ausstattung zum günstigeren Kurs. Allerdings war in den Siebzigern das Händlernetz der Japaner noch recht dünn.

TESTJOURNAL

raum endet der Vergleich unentschieden: Der Scirocco läßt sich durch die niedrigere Ladekante leichter beladen, doch darf man mit 390 Kilo Zuladung 80 Kilo weniger einladen als bei seinem japanischen Kontrahenten. Außerdem mißt der Accord rund 20 Zentimeter mehr. Beim Einparken macht sich das allerdings nicht bemerkbar: Die Rundumsicht ist bei beiden gut.

Mit Drehzahlmesser sowie Zusatzanzeigen für Kühlwasser, Öldruck und Batterie bieten beide Autos eine komplette Instrumentierung, die sachlich und übersichtlich ausfiel. Bedienungsorgane und Sitzposition gaben in keinem der Kontrahenten Anlaß zur Klage. In punkto Ausstattung ist das Coupe aus Fernost seinem Konkurrenten aber deutlich voraus.

Ob UKW-Radio, Sicherheitsgurte hinten, Defroster-Luftstrom durch Türkanäle, Wartungsintervallanzeige oder Fünfgang-Getriebe – es wird vieles eingebaut, was beim Scirocco nicht zu haben ist, oder zusätzlich honoriert werden muß.

Durch die große Heckklappe und die umlegbare Rücksitzbank ist der Scirocco universell nutzbar. Sein Kofferraum kann von 340 auf 880 Liter vergrößert werden.

Übersichtlich und klar gegliedert sind die Armaturen des VW Scirocco, auch die Bedienungselemente liegen gut zur Hand. Der Motor ist quer eingebaut und für Wartungsarbeiten gut zugänglich.

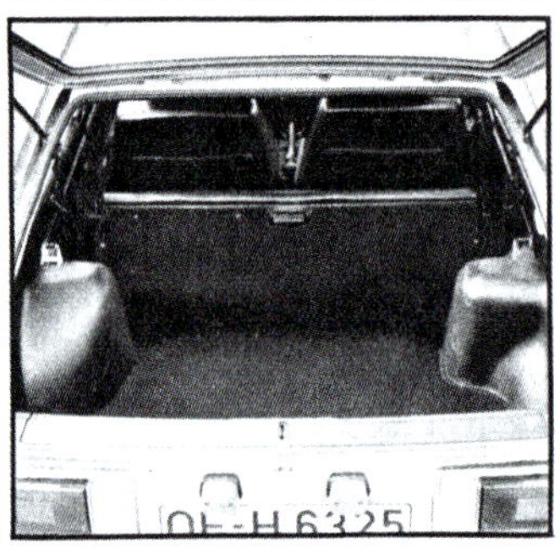

Der Kofferraum reicht für normales Gepäck aus. Für sperrige Gegenstände kann die Rücksitzbank umgelegt werden. Die Ladefläche ist gut zugänglich. Nur die hohe Ladekante stört.

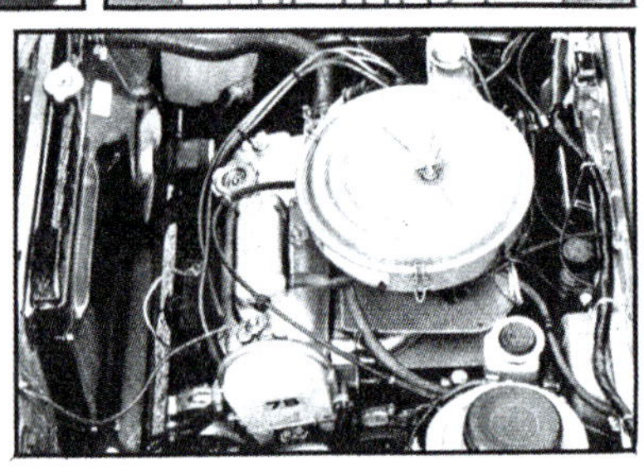

Die Armaturentafel ist serienmäßig sehr reichhaltig bestückt, trotzdem sind die Armaturen deutlich ablesbar und klar zu erkennen. Auch beim Accord ist der Motor quer eingebaut, alle Aggregate sind leicht zugänglich.

Es sind sicher nicht nur diese Details des Accord, die die europäische Konkurrenz aufmerken lassen. Das Coupé wird auch zu einem echten Discountpreis angeboten. Nur 11 888 Mark muß der Käufer für den Honda Accord anlegen. Das Konkurrenzmodell aus Wolfsburg – ein Scirocco mit 70-PS-Motor – kostet in der Grundausstattung rund 14 000 Mark. Für eine entsprechende Zusatzausstattung müssen dann nochmal mindestens ein oder zwei Tausender dazugezählt werden.

Nur ein gewaltiger Nachteil schlägt noch beim Accord zu Buche: Das Service-Netz ist sehr lückenhaft und deshalb wird dem properen japanischen Auto künftig auf dem deutschen Mark kaum mehr als eine Außenseiterrolle zukommen. Beim Scirocco ist dies besser. VW-Werkstätten findet man selbst in den abgelegensten Orten – und sei es ein VW-Spezialist im Hinterhof.

VW-Scirocco

Plus

Dichtes Servicenetz
Laufruhiger Motor
Gutes Fahrwerk
Gute Fahrleistungen

Minus

Hoher Preis
Dürftige Grundausstattung
Hinten wenig Platz

Honda Accord

Plus

Reichhaltige Ausstattung
Niedriger Preis
Geringer Verbrauch
Fünfgang-Getriebe

Minus

Lückenhaftes Servicenetz
Ausgeprägte Lastwechselreaktion
Lauter Motor

Text: Joachim Lepple
Foto: Brian Chittock

32

Mitte der Siebzigerjahre wurde es immer deutlicher, dass die etablierten europäischen Hersteller die Japaner nicht mehr ignorieren konnten. Nicht nur deren Ausstattung stimmte, die Qualität tat es auch.

TESTJOURNAL

Test-Protokoll

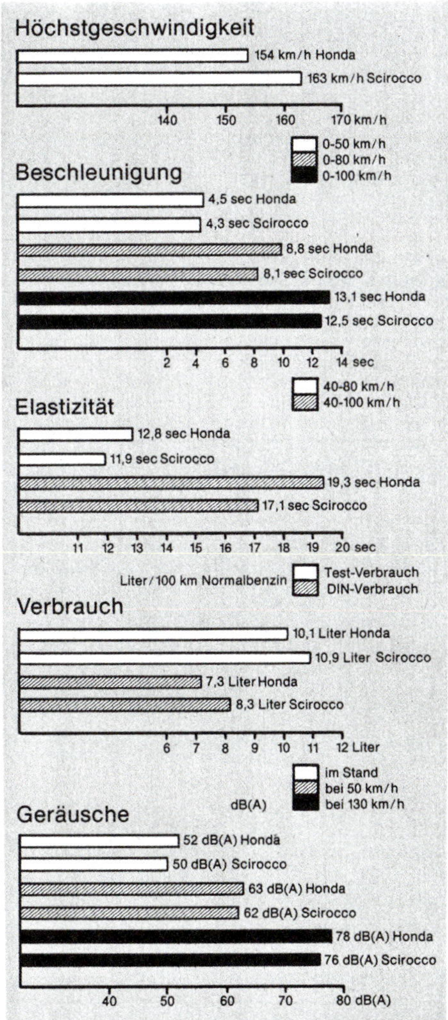

Technische Daten VW Scirocco

Motor, Antrieb: Vierzylinder-Reihenmotor, Hubraum 1457 ccm, Bohrung × Hub 79,5 mm × 73,4 mm, Leistung 51 kW (70 PS) bei 5600 U/min, max. Drehmoment 110 Nm (11 mkg) bei 2500 U/min, Fallstromvergaser, Frontantrieb, vollsynchronisiertes Viergang-Getriebe, Einscheiben-Trockenkupplung.
Fahrwerk: Einzelradaufhängung, vorn an Dreiecksquerlenkern und Federbeinen mit Schraubenfedern, vorn und hinten Kurvenstabilisator, Starrachse hinten, Zweikreis-Bremsanlage mit Bremskraftverstärker, Scheibenbremsen vorn, Trommel hinten, Reifen 155 SR 13.
Maße und Gewichte: Länge/Breite/Höhe 3885/1625/1295 mm, Radstand 2400 mm, Kofferraum 340 Liter/880 Liter, Tank 40 Liter, Leergewicht 800 kg, Zuladung 390 kg, Anhängelast gebremst 1000 kg, Leistungsgewicht 12,7 kg/PS.

Technische Daten Honda Accord

Motor, Antrieb: Vierzylinder-Reihenmotor, Hubraum 1588 ccm, Bohrung × Hub 74 × 93 mm, Leistung 59 kW (80 PS) bei 5300 U/min, max. Drehmoment 125 Nm (12,5 mkg) bei 3700 U/min, Zweistufen-Fallstromregistervergaser, Frontantrieb, vollsynchronisiertes Fünfgang-Getriebe, Einscheibentrockenkupplung, Antrieb über Doppelgelenk-Antriebswellen.
Fahrwerk: Einzelradaufhängung mit McPherson-Federbeinen vorn und hinten, Querlenker, Querstabilisator vorn, Zweikreisbremsanlage mit Bremskraftverstärker, lastabhängiger Bremskraftregler hinten, Scheiben vorn, Trommel hinten, Reifen 155 SR 13.
Maße und Gewichte: Länge/Breite/Höhe 4125/1620/1335 mm, Radstand 2380 mm, Kofferraum 365/630 Liter, Tank 50 Liter, Leergewicht 890 kg, Zuladung 470 kg, Anhängelast gebremst 800 kg, Leistungsgewicht 11,3 kg/PS.

30

Der Honda Accord bot bereits ein serienmäßiges Fünfganggetriebe, als VW dies noch nicht einmal gegen Aufpreis lieferte.

klappe und mehr Ladevolumen. In zahlreichen Versionen erhältlich – darunter der Manta 400 als Basisfahrzeug für den äußerst erfolgreichen Einsatz im Rallysport – wurde der Manta B im Jahr 1988 nach insgesamt 1.056.436 Exemplaren eingestellt. Sein Nachfolger wurde der Calibra, den Opel gegen den designierten Scirocco-Erben VW Corrado in Stellung brachte. Ford hatte in dieser Klasse ab Ende der Achtzigerjahre keinen adäquaten Gegner mehr zu bieten.

Nicht unerwähnt bleiben soll, dass gerade der Opel Manta B als negative Folge des Tuningwahnsinns der 80er zum Inbegriff der „Proletenszene" wurde. Filme wie *Manta, Manta* mit Tina Ruland und Til Schweiger beförderten das Image der Mantafahrer als reichlich bildungsferne Machos und wurden begleitet von einer eigenen Humorgattung – die Manta-Witzen.

Heute wird das letzte noch existierende Filmauto aus *Manta, Manta* mit Mattig-Breitbau-Karosserie, poppiger Tricolor-Lackierung und Unterschrift von „Bertie" (Til Schweiger) auf der Motorhaube kultisch verehrt. Übrigens nicht nur von Opelfans!

Derlei Spötteleien blieben Capri (immerhin: „Hühnerhof-Porsche") wie Scirocco erspart. Obwohl auch sie überaus beliebte „Opfer" mehr oder weniger begabter Hobbytuner waren.

Harte Konkurrenz

Unter der Erinnerungssoße von mittlerweile mehr als 40 Jahren wird natürlich unsichtbar,

Wankelpionier Mazda lieferte mit dem RX-7 einen ernsthaften Sportwagen, der diesbezüglich auch kompromissloser konstruiert war. Dennoch blieb er ein Exot.

dass sich die drei Sportler von der Stange während ihrer Bauzeit in einem ernsthaften Kampf um Marktanteile balgen mussten – so unterschiedlich sie waren. Transportierte der Capri mit bollerndem Sechszylinder, trampeliger Starrachse und wogenden Hüften das Flair der großen weiten US-Welt – schließlich war das Pony-Car Mustang sein Vorbild gewesen –, gab der Manta stets den bodenständigen Volkssportler, der zwar schnittig aussah, aber trotzdem brav die Familie mitsamt Gepäck an die Adria fuhr.

Die Abstammung von der Limousine konnte der Opel nie verleugnen, sie war aber auch vielleicht einer der Gründe für seinen Erfolg. Der Scirocco kam kompromissloser daher. Schon die Proportionen machten deutlich, dass er nicht als etwas zu sportlich geratene Familienkutsche zu betrachten war, sondern das Thema „Sport" durchaus etwas ernster meinte als seine Wettbewerber.

Für den dreiwöchigen Jahresurlaub einer vierköpfigen Familie mit entsprechendem Gepäck war der Wüstenwind nie gedacht. Zielgruppe waren eher die später so genannten DINKs (Dou-

Auch dieses Coupé basiert auf einer kreuzbraven Limousine – der Fiat 128 wurde hierzulande in den Siebzigern gar nicht schlecht verkauft. Das Coupé sah man indes nur selten.

Der Kadett C GT/E trug die Rallyegene in sich (und stellte sie auch optisch zur Schau), die er im Motorsport in zahlreichen Pokalen heimbrachte. Bis heute ist der leichte Kadett ein beliebtes Sportgerät auch auf unbefestigtem Geläuf.

Der rassige Alfasud Sprint – übrigens ebenfalls ein Giugiaro-Entwurf – litt schon im Neuzustand daran, dass er schneller rosten als fahren konnte. Nur wenige haben überlebt.

ble Income, No Kids – also gutverdienende Paare ohne Kinder). Diese Leute benötigten kein größeres Auto und sahen ein sportliches Coupé als persönliches Aushängeschild.

Außerdem verwöhnte der neue Scirocco vom Start weg mit seinem hervorragenden und bravuntersteuernden Fahrverhalten. Mit quer eingebautem Motor und Frontantrieb war der VW die Ausnahme im Konkurrenzumfeld, das noch auf angetriebene Hinterachsen setzte – die nach alter Väter Sitte aber auch einfach dazugehörten.

Auch sonst war der VW moderner, was auch die zeitgenössische Motorpresse immer wieder lobte. Der Scirocco war seinen Wettbewerbern nicht nur mit seinen knackigen, aber stets sicheren Fahreigenschaften, sondern auch in anderen Disziplinen überlegen. So bot er die mit Abstand besseren Sitze, eine ergonomische und bestens ablesbare Armaturentafel und eine große Heckklappe, die das Beladen des – allerdings vergleichsweise kleinen – Kofferraums erleichterte.

Zudem galt der VW als das Fahrzeug mit der besten Verarbeitungsqualität seiner Klasse. Was leider nicht verhinderte, dass der schöne Keil mit italienischem Antlitz fast so rasant rostete wie er aussah. Darin waren aber auch seine Rivalen seinerzeit nicht besser.

Auch der Osten konnte flotte Coupés: Der Skoda 130, hier in seiner überaus erfolgreichen Motorsportvariante RS, spielte als Konkurrent für den Scirocco keine Rolle. Man nahm ihn nicht so recht ernst. Rückblickend wurde ihm das nicht gerecht.

KARMANN

Corrado – Kein echter Nachfolger

Zuviel gewollt? Sehr gut, aber zu teuer

Die Entwicklung eines neuen Automodells benötigt lange Vorlaufzeit, weshalb die Hersteller bereits mit den Planungen zu einem Nachfolgemodell beginnen, während ein aktuelles Fahrzeug eben erst am Markt platziert wird. Das war beim Scirocco nicht anders. Als die zweite Generation des Wüstenwindes im Frühjahr 1981 das Licht der Welt erblickt hatte, brütete die Abteilung Forschung & Entwicklung ebenfalls schon längst wieder über der Folgegeneration.

Für den zunächst intern „Scirocco III" betitelten Wagen gab es klare Vorgaben: Wie schon seine Vorgänger sollte die Neuauflage des Coupés auf der Plattform des Konzernbruders Golf – allerdings auf dessen zweiter Generation, die parallel entwickelt wurde – entstehen. Ein höherer Automatisierungsgrad in der Fertigung sollte die Produktion günstiger werden lassen, die Wirtschaftlichkeit des Nachfolgers sollte vor allem hinsichtlich des Kraftstoffverbrauches gesteigert, der Fahrkomfort unter Beibehaltung einer grundsätzlich sportlichen Auslegung verbessert werden. Der Serienstart des neuen Scirocco war für das Modelljahr 1987 vorgesehen.

Zugleich mit der Präsentation von sechs Stylingstudien durch Chefdesigner Herbert Schäfer im Juni 1982 standen die Produktplaner indes vor einem Dilemma: Es zeichnete sich ab, dass ein Nachfolgemodell nicht, wie gewünscht, zu geringeren Produktionskosten gefertigt werden konnte. Demgegenüber stand die Forderung der Vertriebsabteilung, dass der „Scirocco III" im Verkauf günstiger als der Scirocco II sein sollte.

Das, so war es bald absehbar, ließ sich kaum verwirklichen. Also wurde kurzerhand „mindestens Preisgleichheit" mit der aktuellen Generation festgeschrieben. Der Vertrieb fürchtete aufgrund dieser Entscheidung kleinere Absatzzahlen, was die Produktstrategiekommission (PSK) indes nicht davon abbrachte. Solange die Rendite stimmte, mochte man auch mit weniger verkauften Autos leben.

Also konzentrierte man sich auf die Verfeinerung der Designstudien. Das neue Fahrzeug sollte – wie schon beide Coupé-Generationen zuvor – ein sportlich attraktives Design mit hohem Nutzwert verbinden. Darüber hinaus sollte es als Image- und Technologieträger dienen.

Letztlich einigten sich die Beteiligten auf eine Grundform, die Stilelemente der Studie „Auto 2000" aus dem Jahr 1981 aufgriff (Passat-Fans werden hier bereits die durchgehende Frontmaske des Typs 35i „Nasenbär" finden) und mit breiter C-Säule und einem in die Heckklappe integrierten Spoiler eine gute Mischung aus Sportlichkeit und Eleganz darstellte.

Allerdings bereiteten die Fertigungskosten dem Konzern weiterhin große Probleme. Sie drohten nicht nur, aus dem Ruder zu laufen, sie taten es auch. Ende 1982 stand fest, dass der geplante Kostenrahmen nicht einmal dann einzuhalten wäre, wenn man das Fahrzeug auf der Basis einer existierenden Plattform – also der des Golf I – realisieren würde.

Kurzum: Eigentlich stand der Scirocco-Nachfolger bereits zu einem sehr frühen Zeitpunkt praktisch vor dem Aus. VW-Vorstand Carl H. Hahn

Der Corrado wurde als Technologieträger der neuen B3-Plattform (Passat 35i) deutlich höher positioniert als der Scirocco.

Viel zu viele Corrado G60 wurden Opfer von Hobbytunern, im Originalzustand sind sie heute schwer aufzutreiben.

boxte das Projekt allerdings gegen alle Bedenken durch, da er „aus unternehmenspolitischer Sicht" nicht auf einen Image- und Technologieträger verzichten wollte. In gewisser Weise verschloss man damit die Augen vor einer Entwicklung, die sich nicht mehr umkehren ließ.

Nach ersten Berechnungen gerieten die Stückkosten um 416 Mark höher als die der laufenden Scirocco-II-Fertigung, weitere Anpassungen und Änderungen des Innenraumes – unter anderem sollte der Scirocco III eine Rückbank bekommen, die wie zwei Einzelsitze geformt war – trieben die Differenz der Fertigungskosten auf mehr als 1500 Mark pro Stück. Damit war klar: Entweder würde das Projekt nun gestoppt, oder die skizzierten Verkaufspreise müssten empfindlich nach oben korrigiert werden.

Zum Abbruch der Entwicklungsarbeiten entschlossen sich die Verantwortlichen trotz der finanziellen Schieflage des Gesamtprojektes nicht. Sie ließen sie im Gegenteil weiterlaufen und verfolgten nun einen neuen Ansatz: Das eigentlich als direkter Nachfolger des Scirocco projektierte Fahrzeug wurde kurzerhand zum „Sportwagen" und Vorläufer der neuen B3-Plattformstrategie erklärt.

Das bedeutete nichts anderes als eine Höherpositionierung innerhalb des Modellprogramms, da das neue Coupé somit zum Technologieträger der dritten Passat-Generation – eben der Baureihe B3 – wurde, womit sich letztlich auch ein höherer Verkaufspreis gegenüber dem Scirocco II rechtfertigen ließe.

Damit ergab sich aber zugleich eine Lücke im Angebot der Wolfsburger, da der Preissprung zum bis dato noch namenlosen Scirocco-Nachfolger für die Kundschaft nicht nachvollziehbar gewesen wäre. Also beschloss man, die zweite Scirocco-Generation bis auf Weiteres – aber zumindest bis 1988 – parallel zum neuen Coupé weiter zu bauen.

Ab März 1984 nahm der Entwicklungsauftrag (EA) 494 unter dem Namen „Taifun" Fahrt auf, um als „Hochtechnologie-Fahrzeug in der VW-Reihe die Leistungsfähigkeit der Großserienkomponenten und in erster Linie die Image-Bildner-Funktion für die Marke Volkswagen übernehmen" zu können.

Corrado VR6: VWs VR-Motoren verbanden die Vorteile von V- und Reihenmotoren miteinander. Unter einem gemeinsamen Zylinderkopf standen die Zylinder in einem Winkel von 15 Grad verschränkt zueinander, weshalb man diese Motoren sehr kompakt bauen konnte. Im Corrado gab es den VR6 zunächst mit 174 PS, später mit 190 PS aus 2,9 Litern Hubraum.

Unter der Verkaufsbezeichnung Corrado (laut VW vom spanischen correr = laufen) stand der neue Sportwagen, der wiederum bei der Wilhelm Karmann GmbH in Osnabrück als Lohnauftrag produziert wurde, ab Herbst 1988 bei den Händlern – und machte eine durchaus gute Figur! Er sah nicht nur sportlich aus, auch seine Motoren mit bis zu 190 PS (im 2,9-Liter VR 6) Leistung hielten, was die Optik versprach.

Zudem punktete er mit einer für damalige VW-Verhältnisse außergewöhnlich umfangreichen Serienausstattung und einigen Highlights, zum Beispiel seinem ab 120 km/h elektrisch ausfahrenden Heckflügel oder dem schneckenförmigen G-Lader, einer VW-eigenen Interpretation des Turbos, die allerdings schnell als defektanfällig galt.

Trotz aller eigentlich guten Anlagen, die VW seinem Sportler mit auf den Weg gegeben hatte, wollte sich der erhoffte Erfolg nicht einstellen. Der Corrado war (zu) teuer. Erst als der Konzern einen neuen Basismotor mit zwei Litern Hubraum und 115 PS zu einem attraktiveren Preis nachschob, kam der Verkauf noch einmal in Gang. Allerdings zu spät. Nach nur 97.521 Exemplaren in acht Jahren wurde die Produktion im Juni 1995 eingestellt. Der VW Corrado bekam keinen Nachfolger.

Tatsächlich setzte VW den Corrado auch im Motorsport ein. Die mangelnde Zuverlässigkeit des G-Laders verhinderte indes größere Erfolge.

SCIROCCO

Scirocco III – Stilles Ende nach neun Jahren

Gute Kritiken, aber kleine Kauflust – Erwartung nicht erfüllt

Als Volkswagen die zweite Generation des Scirocco 1992 ohne direkten Nachfolger auslaufen ließ, klaffte für Fans kompakter Sportcoupés eine Lücke im Modellprogramm, die der eigentlich dafür angedachte Corrado nicht schließen konnte. Er war technisch zu aufwändig und in der Produktion zu teuer geworden. Sein Verkaufspreis fiel entsprechend aus, weshalb er für die avisierte Scirocco-Klientel außer Reichweite geriet und auch kein durchschlagender Erfolg wurde. Der Corrado blieb ein Monolith ohne Vorgänger und ohne Nachfolger – was ihn für Sammler heute wieder sehr interessant macht. Aber das ist eine andere Geschichte.

So schließt sich der Kreis: Schon das erste Sondermodell des Scirocco II hieß GTS. Mit auffälligen Dekorstreifen und kompletter Ausstattung war der Scirocco III GTS auch das letzte.

Erst 14 Jahre nach Produktionsende des „Zweiers" hatte die Durststrecke ein Ende, als 2006 mit der Designstudie „Iroc" ein muskulös-maskuliner Dreitürer vorgestellt wurde. Gezeichnet wurde das auf der technischen Plattform des Golf V basierende Konzeptfahrzeug, über dessen Seri-

Mit bis zu 280 PS war der Scirocco R endlich das, was das Coupé schon immer sein wollte – ein Sportwagen. Gerettet hat ihn das nicht mehr.

enanlauf noch längst nicht entschieden war, von Murat Günak, der zuvor unter anderem für Mercedes-Benz den ersten SLK entworfen hatte. Auf der Pariser Messe „Mondial de l'Automobile" erlangte die Studie im selben Jahr weitere Aufmerksamkeit, als sich herauskristallisierte, dass aus ihr möglicherweise ein neuer Scirocco entstehen könnte.

Und tatsächlich: Bis auf Details – die vom neuen Chefdesigner Walter de Silva eingearbeitet wurden, da Günak das Unternehmen auf eigenen Wunsch verlassen hatte –ging der Iroc 2008 als Scirocco III in Serie. Gebaut wurde er bis zum Produktionsstopp Mitte 2017 ausschließlich im portugiesischen VW-Werk Palmela.

Dass er in seinem Erscheinungsjahr 2008 sogar vom renommierten Automagazin *Top Gear* zum „Auto des Jahres" gekürt wurde, half ihm wenig. Obwohl er zunächst, nicht zuletzt aufgrund seines recht aggressiven Preises (die mit 200 PS stärkste Motorvariante war fast 1200 Euro günstiger als ein Golf GTI), recht ordentlich verkauft wurde (16.000 Einheiten im Modelljahr 2009), blieben die Absatzzahlen insgesamt gesehen weit hinter den Erwartungen zurück.

Mehr noch: sie sanken kontinuierlich, obwohl der Scirocco grundsätzlich recht reichhaltig ausgestattet war. Er wurde auch technisch stets auf der Höhe der Zeit gehalten. So kamen im Zuge eines optisch eher unspektakulären Facelifts im Jahr 2014 alle neuen Direkteinspritzer-Motoren mit BlueMotion-Technologie inklusive des Doppelkupplungsgetriebes DSG zum Einsatz. Dennoch ließ sich das nachlassende Interesse nicht wiederbeleben, die Händler verkauften Lagerfahrzeuge mit zum Teil bitteren Preisabschlägen ab: „Hauptsache, er ist vom Hof."

Auch die beinahe im Jahresrhythmus aufgelegten Sondermodelle – sonst stets erfolgreiches Rezept des Konzerns – mit jeweils speziell abgestimmten Sitzbezügen, Lackfarben und Felgen, änderten das nicht. Die Autohäuser hielten noch mit „Modelljahr 2018" bedruckte Prospekte der letzten beiden Varianten GTS und R – beide reich-

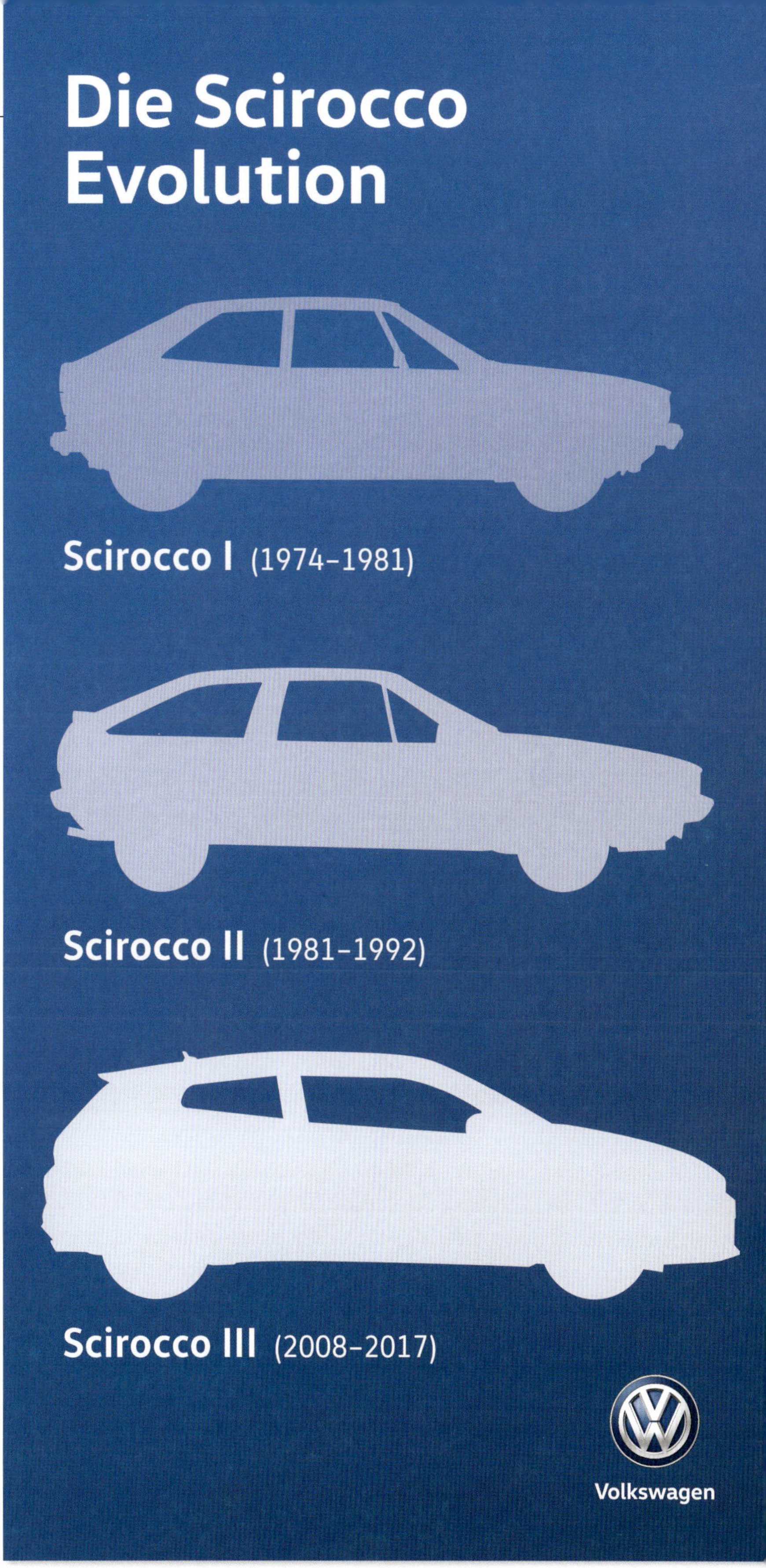

Die Ahnenreihe des Scirocco: Die zweite Generation wird gerade als Klassiker entdeckt, die dritte ist noch „nur" ein junger Gebrauchter. Noch.

Auch mit dem Scirocco III wurde in Cup-Rennen um motorsportliche Erfolge gerungen.

haltig ausstaffiert – bereit, individuelle Konfigurationen waren indes längst nicht mehr möglich. Die Volkswagen-Internetseite meldete bereits Mitte 2017: „Der Scirocco kann nicht mehr mit einer individuellen Ausstattung bestellt werden. Jedoch stehen für Sie fertige, bereits produzierte Fahrzeuge zur Verfügung." Die dritte Generation verließ die Bühne am Ende lautlos. Nach 97.674 Exemplaren war Schluss.

Last but not least bleibt zu erwähnen, dass der Scirocco III auch ein durchaus erfolgreiches Rennauto war. Als „GT24" mit 325 PS erzielte das VW-Coupé beim 24-Stunden-Rennen auf dem Nürburgring jeweils Rang 11 und Rang 15 des Gesamtklassements. Am Steuer saß unter anderem Tourenwagenlegende Hans-Joachim „Striezel" Stuck. In der Rennklasse „Alternative

Bis zuletzt trug der Scirocco die Armaturentafel des Golf V auf, freilich mit sportlichen Attributen wie dem Zusatzinstrumententrio auf der Mittelkonsole und feistem Lenkrad.

Spötter beschimpften ihn als Golf V mit Dachschaden, dabei war der Scirocco III ein sehr eigenständiges Auto, hier mit optionalem R-Paket.

Kraftstoffe" konnte ein mit Erdgas betriebener Scirocco sogar den Gesamtsieg einfahren (2009).

Alternativ kann es vielleicht sogar weitergehen mit dem traditionsreihen Namen. In Wolfsburg setzt man verstärkt auf Elektromobilität. Da gibt es möglicherweise auch für Scirocco-Fans Hoffnung: In ein paar Jahren – so genau will man sich am Mittellandkanal nicht festlegen – könnte der Name „Scirocco" vielleicht zurückkehren: am Heck eines sportlichen Elektro-Autos.

Zeitgeschichte: Das war 2008

- Barack Obama wird als erster Afroamerikaner der 44. Präsident der USA. Sein Kampagnenslogan „Yes we can!" geht um die Welt.
- Raul, Bruder des kubanischen Präsidenten Fidel Castro, wird neues Staatsoberhaupt. Fidel Castro tritt aus gesundheitlichen Gründen nicht wieder an.
- Das Platzen einer kreditfinanzierten Immobilienblase in den USA löst eine weltweite Bankenkrise und in der Folge die schwerste Weltwirtschaftskrise seit der Großen Depression der 1930er aus.
- In China kommen bei einem schweren Erdbeben der Stärke 7,9 mehr als 70.000 Menschen ums Leben.
- Dennoch finden drei Monate später die olympischen Sommerspiele in Peking statt.
- Die Mehrwertsteuer beträgt 19 Prozent.
- Im Juni 2008 durchbricht der Preis für einen Liter Superbenzin erstmals die „Schallmauer" von 1,50 Euro. Danach fallen die Preise wieder bis auf einen historischen Tiefstand im November: Ein Liter Superbenzin kostet 1,03 Euro.
- Das Gesetz zur Vorratsdatenspeicherung tritt in Kraft.
- Amy Winehouse und Katy Perry haben Riesenerfolge in den Single- und Albumcharts

Technische Daten

Scirocco I, 1974 – 1981

Motor	1,1	1,3	1,5	1,6	1,6 GTI/GLI
Motortyp	Vierzylinder, wassergekühlt, vorn quer eingebaut				
Bauzeit	1974-1979	1979-1981	1974-1981	1975-1981	1976-1981
Antrieb	Front				
Hubraum (cm³)	1093	1272	1471	1588	1588
Leistung (kW/PS bei min⁻¹)	37/50 bei 6000	44/60 bei 5600	51/70 bei 5800; 63/85 bei 5800	55/75 bei 5600; 63/85 bei 5600	81/110 bei 6100
Max. Drehmoment (Nm bei min⁻¹)	79 bei 3000	93 bei 3400	112 bei 3000; 121 bei 3200	117 bei 3200; 122 bei 3800	140 bei 5000
Radstand (mm)	2400				
Länge/Breite/Höhe (mm)	3855/1625/1310; 3885/1625/1310 (GTI)				
Stückzahlen	Insgesamt 504.000 inklusive Facelift				

Scirocco II, 1981 – 1990

Motor	1,3	1,5	1,6	1,6 GTI	1,8 GTI	1,8	GTX 16V
Motortyp	Vierzylinder, wassergekühlt, vorn quer eingebaut						
Bauzeit	1981-1982	1981-1982	1981-1990	1981-1982	1982-1989	1983-1992	1985-1989
Antrieb	Front						
Hubraum (cm³)	1272	1457	1588	1588	1781	1781	1781
Leistung (kW/PS bei min⁻¹)	44/60 bei 5600	51/70 bei 5600	63/85 bei 5600	81/110 bei 6100	82/112 bei 5800	66/90 bei 5200	102/139 bei 6100
Max. Drehmoment (Nm bei min⁻¹)	93 bei 3400	108 bei 2500	122 bei 3800	137 bei 5000	150 bei 3500	142 bei 3300	165 bei 4600
Radstand (mm)	2400						
Länge/Breite/Höhe (mm)	4050/1625/1280						
Stückzahlen	Insgesamt 291.497						

Scirocco III, 2008 – 2014

Motor	1,4 TSI	1,4 TSI	2,0 TSI	R 2,0 TSI	2,0 TDI (DPF)
Motortyp	Vierzylinder, Reihe, Turbo	Vierzylinder, Reihe, Turbo, Kompressor	Vierzylinder, Reihe, Turbo	Vierzylinder, Reihe, Turbo	Vierzylinder, Common-Rail, Turbo
Bauzeit (MKB)	2008-2014 (CAXA, CAVD)	2008-2009 (CAWB); 2009-2014 (CCZB)	2009-2014 (CDLA)	2008-2014 (CBDB, CFHC); 2009-2012 (CBBB, CFGB)	
Antrieb	Front				
Hubraum (cm³)	1390	1984	1968		
Leistung (kW/PS bei min^{-1})	90/122 bei 5000	118/160 bei 5800	147/200 bei 6000 (CAWB); 155/211 bei 6200 (CCZB)	195 (265) bei 6000	103/140 bei 4000 (CBDB, CFHC); 125/170 bei 4200 (CBBB, CFGB)
Max. Drehmoment (Nm bei min^{-1})	200 bei 1500-4000	240 bei 1500-4500	280 bei 1700-5000 (CAWB); 280 bei 1700-5200 (CCZB)	350 bei 2500-5000	320 bei 1750-2500 (CBDB, CFHC); 350 bei 1750-2500 (CBBB, CFGB)
Radstand (mm)	2578				
Länge/Breite/Höhe (mm)	4256/1810/ 1398-1406				
Stückzahlen	Insgesamt 2008-2017: 97.674				

Scirocco III, 2014 – 2017

Motor	1,4 TSI BMT	2,0 TSI BMT	2,0 TSI BMT	R 2,0 TSI	2,0 TDI (DPF) BMT
Motortyp	Vierzylinder, Reihe, Direkteinspritzung, Turbo	Vierzylinder, Diesel, Reihe, Common-Rail			
Bauzeit (MKB)	2014-2017 (CZCA)	2014-2017 (CULA)	2014-2017 (CULC)	2014-2017 (CDLK)	2014-2017 (CUUB, CUWA)
Antrieb	Front				
Hubraum (cm³)	1395	1984	1968		
Leistung (kW/PS bei min^{-1})	92/125 bei 5000-6000	132/180 bei 4200-6200	162/220 bei 4500-6200	206/280 bei 6000	110/150 bei 3500-4000 (CUUB); 135/184 bei 3500-4000 (CUWA)
Max. Drehmoment (Nm bei min^{-1})	200 bei 1400-4000	280 bei 1250-4400	350 bei 1500-4400	350 bei 2500-5000	320 bei 1750-3000 (CUUB); 380 bei 1750-3250 (CUWA)
Radstand (mm)	2578				
Länge/Breite/Höhe (mm)	4256/1810/1398-1406				
Stückzahlen	Insgesamt 2008-2017: 97.674				

Abbildungen:

Archiv HEEL Verlag, Michael Grote,
Gerhard Hönnig, Marcel Kaufmann,
Ulrich Krüger, Jörg Lamers, Martin Langer,
Stefan Langer, Axel Malczyk, Maike Neumann,
Frieder Perschken, Thomas Peter,
Sammlung Armin Printzen,
Wolfgang Schuster, Volkswagen AG,
Tobias Zoporowski

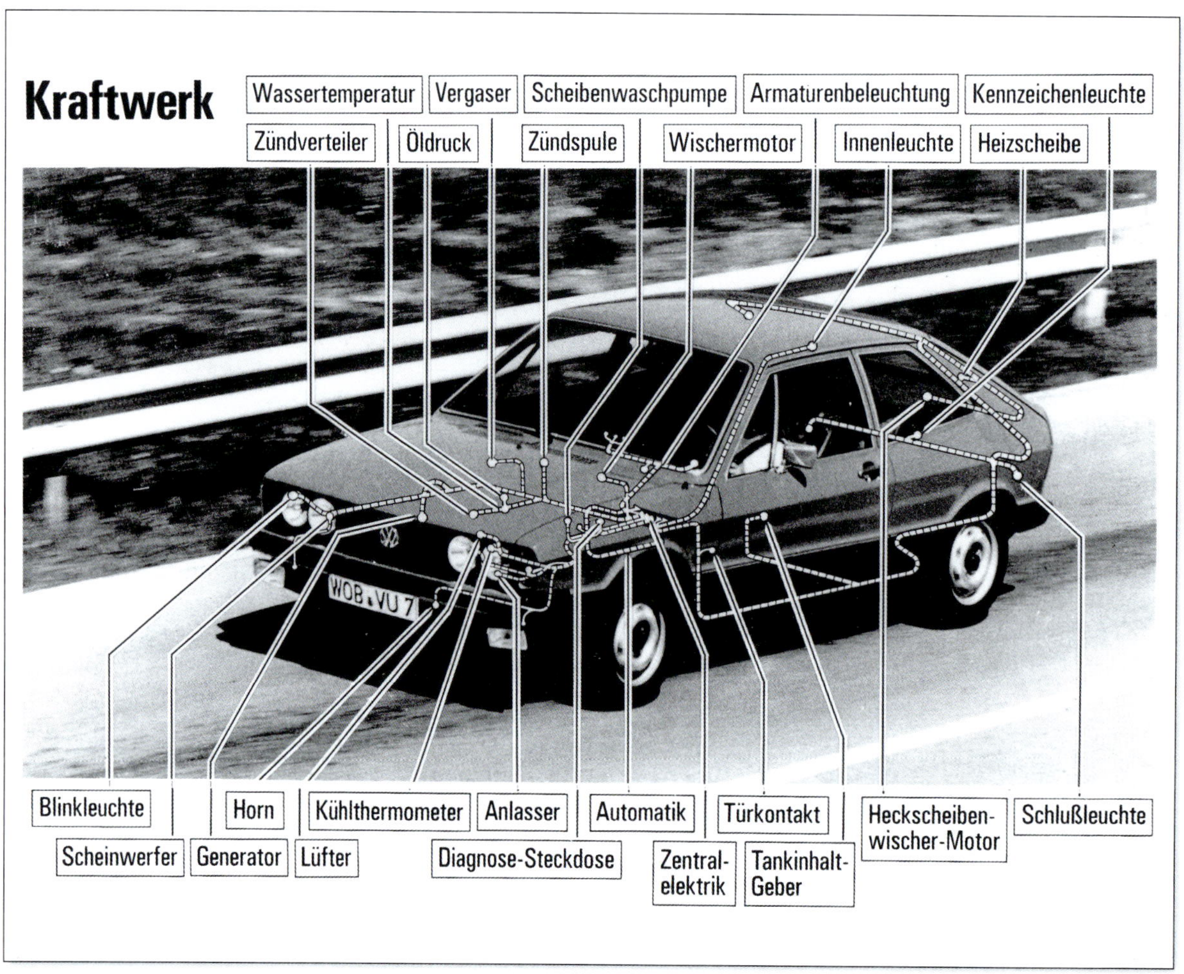